前言

皮影戏表演是怎么回事？手机为什么能进行无线通信？宇航员是如何登月的？我们从哪里来……同学们，你们对这些科学知识是不是感到非常好奇？

要想知道梨子的味道，那就亲自尝一尝。赶快翻开这套《漫画科学大揭秘》吧，相信你会在书中获得想要的答案。

为了让略显枯燥的科学知识变得通俗易懂、活泼有趣，我们用漫画的形式来讲解科学知识。图画生动形象、色彩鲜艳，通过设在生活场景里的漫画故事，你能在潜移默化中学会科学知识点，就像有个人在你耳边娓娓道来。

此外，我们还在漫画中根据需要设置了“小科普”，对相关的知识进行拓展，能丰富你的知识面，使你能更全面深刻地理解科学知识，及时进行巩固强化。

我们相信，通过阅读《漫画科学大揭秘》，同学们一定能够掌握科学世界的奥秘，领悟到科学知识的神奇力量，增强探究意识，勇攀科学高峰，成为掌握知识、拥有智慧的人！

目录

COMIC SCIENCE

漫画科学大揭秘

生活大发明

郭珣◎编著

中国旅游出版社

选题策划：超美文化
责任编辑：胡一鸣
责任印制：冯冬青
插图制作：澜星纪元
装帧设计：超美文化

图书在版编目（CIP）数据

生活大发明 / 郭珣编著. — 北京 : 中国旅游出版社，2025. 1. —（漫画科学大揭秘）. — ISBN 978-7-5032-7451-0

Ⅰ. N19-49

中国国家版本馆 CIP 数据核字第 2024ZW7174 号

书　　名：漫画科学大揭秘·生活大发明

作　　者：郭珣　编著
出版发行：中国旅游出版社
（北京静安东里 6 号　邮编：100028）
http://www.cttp.net.cn　E-mail: cttp@mct.gov.cn
营销中心电话：010-57377103　010-57377106
读者服务部电话：010-57377107
排　　版：澜星纪元
经　　销：全国各地新华书店
印　　刷：三河市腾飞印务有限公司
版　　次：2025 年 1 月第 1 版　2025 年 1 月第 1 次印刷
开　　本：710 毫米×1000 毫米　1/16
印　　张：18
字　　数：23 千
定　　价：120.00 元（全 6 册）
ISBN 978-7-5032-7451-0

肥皂的发明

小科普：相传，古埃及皇宫里的一名厨师无意间发现，油和草木灰混合后能够轻松去除污渍。公元 70 年，罗马学者普林尼将羊油和草木灰混合，成功制成了块状肥皂。

小科普： 早在春秋战国时期，人们就会利用草木灰来清洗衣物。魏晋时期出现了用猪胰腺、豆粉等制作成的“胰子”，这是我国最早的类似肥皂的东西。唐代医学家孙思邈就在他的著作《千金要方》中详细记载了“胰子”的制作过程。

这款肥皂去污效果好，添加了不少香料，就是有些贵。
哇哦，真的好香！
啧啧，肥皂这么昂贵，当然只有我们贵族才能用啦！
路布兰
法国医生
哼，看我把肥皂的价格打下来！
小科普：制作肥皂需要用到油脂和碱。但早期时，人们只能从草木灰汁中提取碱，因此肥皂的制作成本极高。所以在很长一段时间内，肥皂都是富人专享的奢侈品。直到1789年，法国医生路布兰改进了制碱方法，并开设工厂大量生产纯碱，这才让肥皂走进千家万户。
他从食盐中提取出“碱”，并把它和植物油混合在一起，制造出新型的肥皂。
感谢路布兰，让我们也用上肥皂了。

床的发展史

还是树上安全些。
轰
野兽怕火，太棒了！
跳跃的火苗，满满的安全感。
小科普：远古时期，我们的祖先为躲避野兽，选择在树上休息，以树为床。后来，火被发现且得到应用，古人开始用火抵御野兽侵袭，并常常聚集在火堆边活动和休息。

小科普：最初的床垫主要由天然材料制成，如草、树叶、动物皮毛等。随着纺织技术的发展，人们开始使用更柔软的材料，如棉花和羊毛，来制作床垫。在中国，传统的床多用硬质木材或竹材制成，上面铺上柔软的褥子或棉被。

19 世纪后叶，美国人席梦思发明了弹簧床垫。
用上我发明的弹簧床垫，能获得极致的享受！
××报
xxxx年x月x日
席梦思
哇，确实很舒服！
随着科技的不断发展，床垫也在不断更新。
小科普：真正意义上的床垫直到 20 世纪初才传入中国。如今，各种各样的床垫进入我们的生活，改善着我们的睡眠，熟悉的有乳胶床垫、水床、气垫床等。相信在不久的将来，还会出现更高科技的床垫。

麻醉药的发明

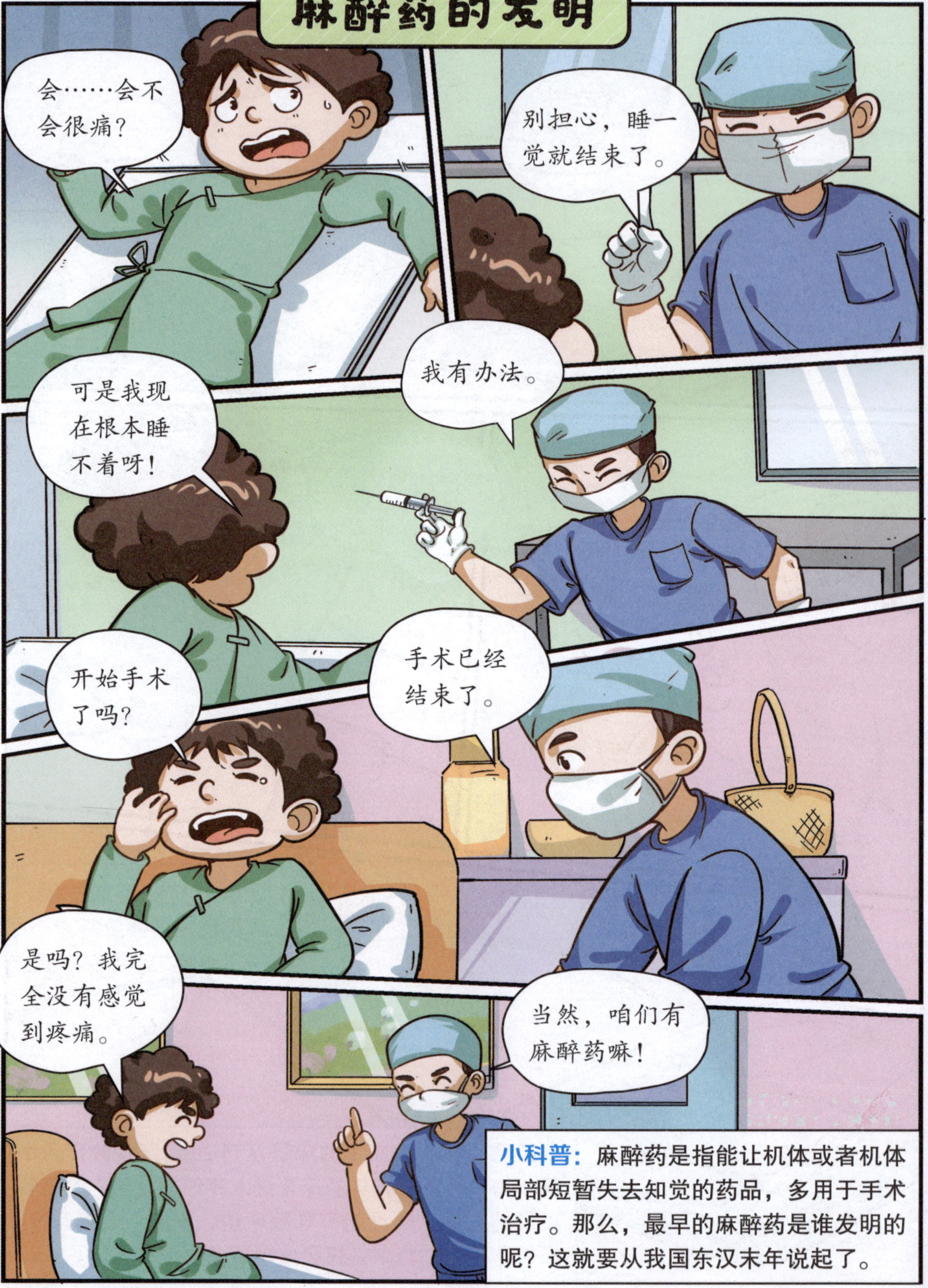

小科普：麻醉药是指能让机体或者机体局部短暂失去知觉的药品，多用于手术治疗。那么，最早的麻醉药是谁发明的呢？这就要从我国东汉末年说起了。

小科普： 华佗是我国东汉时期的名医，是世界上第一个用麻药来进行手术的人，华佗发明和使用的麻药叫“麻沸散”。据史料记载，东汉末年，华佗曾用中药“麻沸散”作为麻药，使病人暂时失去知觉，完成了多次外科手术。“麻沸散”被认为是世界上最早的麻药。

小科普：历史上还有一段时间将一氧化二氮（俗称笑气）用作麻醉剂，但是 1845 年，威尔士在一次公开表演时，因病人吸入笑气发生意外而导致手术失败。美国牙医威廉 · 莫顿吸取教训，用更高效的乙醚制作麻醉剂。如今，乙醚仍是全身麻醉常用的麻醉剂。而笑气具有危险性，已被视为危险物质。吸食笑气是违法的！

小科普： 麻醉方式分为局部麻醉、区域麻醉和全身麻醉。局部麻醉时，只有局部失去知觉；区域麻醉时，麻醉剂注射在手术区域的神经周围，能够麻醉一大片区域；全身麻醉作用于人的大脑，使人彻底失去意识，全身失去知觉。

拉链的发明

小科普：生活中司空见惯的拉链，被认为是近代最实用的几项发明之一。它依靠连续排列的链牙，使物体并合或分离，被大量用于服装、箱包、帐篷等物品上。

小科普： 1893 年，美国人贾德森发明了拉链的雏形。但它笨重、闭合不紧密，没有获得大家的青睐。后来，贾德森的雇员对它进行了改进，使拉链的实用性得到了极大的提升。

方便穿衣我第一。
不要忘了我！
还有我们！
树脂
尼龙
拉链的材质有金属、树脂、尼龙等。
金属
开合方式分为双向和单向。
单向
双向
上下止
拉头
链牙
锁紧件
小科普：一条完整的拉链由链牙、拉头、上下止、锁紧件等组成，常应用在各种日常用品中。在科研、医疗、军事领域也随处可见。

铅笔的发明
铅笔是用什么做的呀？
木头！
那，铅笔芯呢？
它叫铅笔，那笔芯当然是用铅做的呀！
NO!
不对，铅笔芯是用石墨制作的！
哈哈，鱼香肉丝里没有鱼，铅笔里面不含铅。
小科普：铅笔是一种非常常见的书写工具，常用木质外壳包裹笔芯而制成。虽然名字叫铅笔，但铅笔中并不含铅，它的笔芯是用石墨制作的。

小科普： 1564 年，英格兰牧羊人发现了石墨，并使用石墨在羊身上做记号。于是人们就将石墨切成条状，当笔使用。因为当时石墨被称为“黑铅”，因此这种笔就被称作铅笔。可是，直接用黑条写字会弄脏手，又容易折断。

小科普：1761 年，德国化学家法伯将石墨磨成粉，掺入硫黄、锑、松香等物质，压制成笔的形状，书写时将铅笔用纸包裹，解决了铅笔脏手问题，这被认为是现代铅笔的雏形。

小科普： 1812 年，美国木匠威廉·门罗将石墨芯嵌入木制笔杆，制造出第一支现代意义上的铅笔。后来，人们又给铅笔加上了笔帽，并引入硬度等级。铅芯硬度常用字母 B、H、HB 来表示，H 表示硬，B 表示软，HB 表示软硬适中。

创可贴的发明

呜呜呜——
不要怕，我来了！
小科普：创可贴是我们经常会使用的一种外科用药，主要由干胶布、含药吸收垫和隔离渗透膜组成，与伤口直接接触的是含药吸收垫，主要作用是止血、保护伤口。

小科普： 1920 年，美国人厄尔·迪克森在绷带上涂上胶，垫上纱布，发明了创可贴。1924 年，强生公司对这项发明进行了改进，推出了第一款商业化创可贴——邦迪。

受伤后不要直接用创可贴，使用创可贴前，需要清洗伤口并消毒哦。
NO!
NO!
出血较多的伤口不宜使用创可贴，要尽早去医院治疗！
动物咬伤的伤口，不能使用创可贴。
要及时去医院处理并接种疫苗！

雨伞的发明

小科普： 伞是一种能够遮挡雨水、风雪、阳光的工具，通常由伞面、伞骨和手柄组成。中国是世界上最早发明雨伞的国家。

这一天，鲁班正在冒雨修建亭子。
建好亭子，人们就可以避雨了！
娘子，快到里面躲一躲！
如果有一个可以移动的亭子就好了……
用布做顶面，用竹子做骨架……
对呀，我这就去做一个可以移动的“亭子”！
小科普：传说，雨伞是由鲁班的妻子云氏发明的。汉朝时，类似于现代雨伞的“油纸伞”出现。发展到唐朝，“油纸伞”已经成为人们普遍使用的遮雨工具了。

小科普：如今，伞的样式和功能变得更加多样，有自动雨伞、折叠雨伞、透明雨伞等。随着科技的不断发展，伞的创新还在继续，比如，在伞柄上添加音乐播放器，在伞骨上加装灯带，等等。

学校的诞生

小科普： 根据可查证的资料，人类最早的学校是诞生于古埃及的宫廷学校，距今约 2500 年。宫廷学校是由古埃及法老设立在宫廷里的学校，教育对象为王子、王孙及朝中贵族子弟，目的是为国家培养官吏。

考古学家还在两河流域的苏美尔人曾居住过的遗址上发现了“泥版书屋”，考古学家认为这可能才是人类最早的学校，比埃及最早的宫廷学校还要早1000年左右。
泥版书屋
原来在几千年前人类就得上学了。

那时的孩子文武都要学。
小科普：夏商周时期，我国就已经出现了学校，形式有“庠（xiáng）”“序”“校”等。
学而时习之，不亦乐乎。
有教无类。
小科普：周朝的学校为官学，平民不能上学。春秋时期，孔子创办私学，让教育对象从贵族扩展到平民。
稷下学宫
小科普：稷（jì）下学宫，是春秋时期齐国的一所著名的学校，也是我国历史上第一个由国家设立和资助的官方学校。稷下学宫是春秋时期学术百家争鸣的中心园地。

乒乓球的出现

小科普： 乒乓球（英文为 ping-pong）起源于英国，因其打击时发出“Ping Pong”的声音而得名。我国称之为“乒乓球”，也因与“乒乓”二字谐音。

小科普： 19 世纪末，欧洲盛行网球运动，但由于天气等因素限制，人们便把网球移到了室内，把餐桌当成球台。再后来人们把球改成空心塑料球，并用木板代替了网拍，在桌子上进行“网球赛”，于是 table tennis（乒乓球的另一种说法）就诞生了。

清朝末年，上海一家文具店的店主从日本引入了乒乓球。

1959 年第 25 届世界乒乓球锦标赛上，运动员容国团为中华人民共和国获得了第一个体育界世界冠军。

如今，我国随处可见乒乓球台。
ping
pong

小科普： 乒乓球在我国十分普及，是一项备受喜爱的运动项目，被称为“中国国球”。在世界赛场上，中国乒乓球运动员拼搏不息、攀登不止，为国家斩获无数奖项。

塑料的出现

塑料制品被随意丢弃，形成了“白色污染”。
消灭“白色污染”！
小科普：塑料废物污染是世界环境难题，大部分塑料一次性消费使用后即被丢弃。塑料产品由于物理化学结构稳定，在自然环境中可能数十至数百年都不会被分解。
别跑！
捉住一只“大恶魔”！

我们才不是恶魔！
虽然和金属、木材等材料相比，我只有短短100多岁，但绝对算是后起之秀。
早在诞生之初，我就取代了昂贵的象牙，成了台球的制作材料。
8
小科普：塑料是一种高分子材料，它在我们的生活中起着至关重要的作用。1869年，约翰·海厄特用赛璐珞制成的台球是世界上最早的塑料。赛璐珞来自化学处理过的胶棉及其他含纤维素的植物材料。

1907 年我掌握了耐高温的方法。
小科普：1907 年，列奥 · 亨德里克 · 贝克兰发明了完全合成的酚醛塑料，它具有绝缘、稳定、耐热、耐腐蚀、不可燃等特点。酚醛塑料应用广泛，插头、插座、螺旋桨、阀门、台球、把手、按钮等塑料制品逐渐出现在工业生产和家庭生活中。
征途继续，下一步是衣物。
塑料也有很多品类。这是“塑料王”——聚四氟乙烯！
小科普：聚四氟乙烯，俗称“塑料王”，它是由四氟乙烯聚合成的高分子聚合物，具有绝缘、耐磨、耐高温、耐腐蚀等特点，是铁锅、管道、泵、阀的理想涂料，也用于制作雷达、通信器材、无线电器材等。

小科普：为了解决塑料带来的环境问题，我们对塑料进行回收再利用，饮料瓶就是一种高回收性塑料产品。同时我们还提高塑料的可降解性，推广使用可降解型塑料，以此来更好地保护环境。

条形码的发明

又有新玩具啦！
小科普：条形码是将宽度不等的多个黑条和空白，按照一定的编码规则排列，用以表达一组信息的图形标识符。条形码可以标出物品的价格、生产国、制造厂家、商品名称、生产日期、图书分类号等许多信息，在商品流通、图书管理等许多领域都有着广泛的应用。
滴——
原来条形码就是商品的“指纹”呀！

小科普：美国学生伯纳德·希尔弗与诺曼·伍德兰用一些粗细不一的线条重设了摩尔斯电码，将商品的信息表达出来，由此制作出了条形码，并在1952年获得了专利。但由于技术限制，当时并没有能够读取条形码的装置。

小科普：诺曼 · 伍德兰一直没有放弃条形码的制造，20 世纪 60 年代，在计算机技术发展以及激光出现后，条形码的读取成为可能。1974 年，世界上第一个条形码扫描器在美国的一家超市里完成了对条形码的读取，口香糖成了第一件被扫描条形码的商品。

皮影戏的出现

小科普： 皮影戏，又叫“影子戏”或“灯影戏”，是一种用蜡烛或灯等光源照射兽皮或纸板形成剪影来表演故事的民间戏剧。皮影戏是我国民间工艺美术与戏曲巧妙结合而成的独特艺术品种。

小科普： 传说由于汉武帝思念逝去的李夫人，方士少翁便设帷幕、点上灯烛，让汉武帝在远处观看李夫人的影像，皮影戏由此产生。但皮影戏出现在古籍记载中是在北宋时期，大量古籍记载着北宋知名皮影戏艺人表演的场景。因此，皮影戏至少在宋朝时已经出现。

酷！
准备好了吗？
翼龙现身了！

围棋、象棋的出现

小科普： 琴棋书画，又称为“四艺”，是古代文人雅士、士大夫修身所必需的技能，所以也被称为“文人四友”。其中“棋”便是指围棋。

小科普： 围棋起源于中国，已有4000多年的历史，传说是古代帝王尧帝发明，他的儿子丹朱很擅长下围棋。先秦典籍《世本》中记载：“尧造围棋，丹朱善之。”在古代，围棋被称为弈。围棋结构简单，内容却极其复杂，棋理博大精深，文化内涵深厚。

小科普： 中国象棋起源于中国，大约有2000年的历史。中国象棋使用方形格状棋盘，棋盘中间设有楚河、汉界，圆形棋子共有32枚，红黑两个颜色各有16枚棋子，摆放和活动在交叉点上。比赛开始后，双方轮流走子，以把对方的将或帅“将死”或“困毙”为胜。

COMIC SCIENCE

漫画科学大揭秘

遨游地球村

郭珣◎编著

中国旅游出版社

选题策划： 超美文化
责任编辑： 胡一鸣
责任印制： 冯冬青
插图制作： 澜星纪元
装帧设计： 超美文化

图书在版编目（CIP）数据

遨游地球村 / 郭珣编著. — 北京 : 中国旅游出版社，2025. 1. —（漫画科学大揭秘）. — ISBN 978-7-5032-7451-0

Ⅰ. P183-49

中国国家版本馆 CIP 数据核字第 2024Q4X823 号

书　　名：漫画科学大揭秘 · 遨游地球村

作　　者：郭珣　编著
出版发行：中国旅游出版社
（北京静安东里 6 号　邮编：100028）
http://www.cttp.net.cn　E-mail: cttp@mct.gov.cn
营销中心电话：010－57377103　010－57377106
读者服务部电话：010－57377107
排　　版：澜星纪元
经　　销：全国各地新华书店
印　　刷：三河市腾飞印务有限公司
版　　次：2025 年 1 月第 1 版　2025 年 1 月第 1 次印刷
开　　本：710 毫米×1000 毫米　1/16
印　　张：18
字　　数：23 千
定　　价：120.00 元（全 6 册）
ISBN 978-7-5032-7451-0

前言

皮影戏表演是怎么回事？手机为什么能进行无线通信？宇航员是如何登月的？我们从哪里来……同学们，你们对这些科学知识是不是感到非常好奇？

要想知道梨子的味道，那就亲自尝一尝。赶快翻开这套《漫画科学大揭秘》吧，相信你会在书中获得想要的答案。

为了让略显枯燥的科学知识变得通俗易懂、活泼有趣，我们用漫画的形式来讲解科学知识。图画生动形象、色彩鲜艳，通过设在生活场景里的漫画故事，你能在潜移默化中学会科学知识点，就像有个人在你耳边娓娓道来。

此外，我们还在漫画中根据需要设置了“小科普”，对相关的知识进行拓展，能丰富你的知识面，使你能更全面深刻地理解科学知识，及时进行巩固强化。

我们相信，通过阅读《漫画科学大揭秘》，同学们一定能够掌握科学世界的奥秘，领悟到科学知识的神奇力量，增强探究意识，勇攀科学高峰，成为掌握知识、拥有智慧的人！

目 录

轮子和轮胎

小科普：轮子是人类文明史上一项重要的发明，使用轮子的记录可以追溯到新石器时代，那时人类用滚木来搬运巨石。公元前 3500 年左右，美索不达米亚陶工所用的轮子，是一个简单的旋转盘，陶器工人用它来制造光滑的圆黏土壶。

小科普： 当马被用作运输工具后，战车出现了。我国的黄帝发明了车战法，因此黄帝又称轩辕。15 世纪，哥伦布航行南美洲时发现了橡胶，它被应用于汽车的车轮并不断改进。

美观、便捷、速度，我都要！
不起眼的轮子，原来是大功臣！
轮子不仅能提速，还能改变用力的方向呢！
小科普：使用时，轴固定不动的滑轮叫定滑轮。使用定滑轮时不能省力，但可以改变用力方向。

交通红绿灯

小科普：交通信号灯是指挥交通运行的设备，它由红灯、绿灯和黄灯组成。交通信号灯是无声的“交通警察”，它维护着马路上车辆和人群的通行秩序。

小科普： 1868 年 12 月 10 日，在英国诞生了世界上第一盏交通信号灯。它由一名英国机械师设计，灯柱高 7 米，上面悬挂着红、绿两色的煤油灯，需要警察切换灯的颜色。这盏煤气信号灯只用了 23 天，便爆炸了。

小科普：一些国家还在道路上设置可以翻转的标志，来提醒行人走或者停。但是，随着汽车的出现，手动翻牌已经无法满足需求了。1912 年，美国一名警察发明了可以电控的指示灯。人们以它为基础，添加了蜂鸣器，作为变灯前的提醒。

小科普： 1927 年，在美国留学的胡汝鼎差点儿被车撞到，于是想到可以在红绿灯中间加一盏黄灯作为过渡。

蒸汽机和内燃机

小科普： 蒸汽又称水蒸气，是含有足够热量的气态水。水沸腾后会产生高压蒸汽，产生动力。

小科普： 古希腊数学家希罗发明了汽转球，利用蒸汽产生的动力使球转动，这是蒸汽机的雏形。1679 年，法国物理学家丹尼斯·帕平发明了高压锅的雏形，这实际就是早期的蒸汽机。瓦特通过改良前人的成果，发明了工业用的蒸汽机，使人类进入蒸汽时代。

小科普：内燃机是一种动力机械，它让燃料在机器内部燃烧，并将其放出的热能直接转换为动力，推动活塞运动。内燃机有四个冲程：吸气、压缩、做功、排气。

1859 年，勒努瓦设计制造出第一台煤气机。
我是无压缩、电点火、使用煤气的内燃机！
我的特点是轻型和高速！
1883 年，戴姆勒成功创制第一台立式汽油机。
1897 年，狄塞尔成功研制了柴油机。
工作效率又提高了！

轨道交通

1814 年，斯蒂芬森制造出火车，火车头上高高的烟囱不时地冒火。
会喷火的车！
我有专属的路了，出发喽！
1825 年，英国建成了第一条铁路，火车以每小时 24 千米的速度跑完了 40 千米的路程。
火车速度好快呀！
原来火车才200 岁呀！

小科普：随着科技不断的进步，火车也在不断进化。从蒸汽机车到内燃机车再到电力机车，直到现在的高速列车，火车经历了几代的演变，变得更先进、更快速。

小科普： 地铁是城市轨道交通的一种，位于中心城区的线路基本设在地下隧道内。英国伦敦的大都会地铁于1863年建成，它是世界上最早的地铁。

世界上有龙吗？
有可以在空中行驶的钢铁巨龙哦。
小科普：空铁列车，又叫空中轨道列车，它的轨道列车在上方，车辆悬挂在空中轨道上运行。

飞　机

小科普： 飞机是根据鸟的飞行原理发明的。美国的发明家莱特兄弟观察鸟类飞行，吸取前人研究的经验，发明了飞机并试飞成功。

我赢了，我先试飞！
我们成功了！
它的使命已经完成了！
小科普：1903 年 12 月 17 日，莱特兄弟驾驶着人类历史上第一架飞机——“飞行者一号”首飞成功。虽然在几次飞行后，“飞行者一号”被狂风毁损了，但它依然标志着载人空中持续动力飞行这一人类梦寐以求的目标终于实现了。

小科普：飞机依靠发动机提供前进的动力，通过机翼的特殊设计来产生升力。机翼设计成上凸下平的形状，是为了利用流体动力学中的伯努利原理：流速越大的地方，压强越小；流速越小的地方，压强越大。

小科普： 飞机，是由固定翼产生升力，由推进装置产生推力，在大气层中飞行的重于空气的航空器。

地图、指南针和GPS定位系统

小科普： 地图是按一定的比例运用线条、符号、颜色、文字注记等描绘地球表面的自然地理、行政区域和社会状况等的图形或图像。

小科普： 指南针是中国古代四大发明之一，它在古代叫司南。在指南针上有一根装在轴上的磁针，在地磁场的作用下，磁针的 S 极始终指向地理南极附近（地磁的北极），所以，指南针可以用来指示方向。

小科普：GPS 是一种基于人造地球卫星的高精度无线电导航的定位系统，它能在全球任何地方以及近地空间提供准确的地理位置、前行速度和时间信息。

书信和邮票

小科普： 书信是一种用语言文字向特定对象传递信息、交流思想情感的文书。书信一般由 6 个部分构成：称呼、问候、正文、祝颂语、署名、日期。

小科普： 书信有固定的格式。对收信人的称呼顶格写在第一行。问候另起一行，空两格后写，可以单独成行。正文再起一行，空两格后写。祝颂语单独成行，空两格后写。在写与“此致”和“祝”相配套的“敬礼”“健康”等表示祝愿的话语时要另起一行顶格写。署名和日期写在信的右下角。

小科普： 罗兰·希尔被人们誉为“邮票之父”。1837 年，他提出降低和统一邮资的主张，提议在英国境内凡重量在 0.5 盎司（大约 14 克）以下的信件，不论距离远近，一律收费 1 便士（大约 8 分人民币），还提出了预付邮资的方案。1840 年 5 月 6 日，由希尔等人创造的世界上第一枚邮票——“黑便士”诞生了。

小科普: 如今，邮票除了服务邮政业务外，还具有纪念意义，一些重大事件、节日就成了邮票图案的主题。

电报机和电话机

小科普： 1837 年，美国画家摩尔斯成功地用电流的“通断”和“长短”来传送信息，这就是大名鼎鼎的摩尔斯电码（也叫摩斯密码）。使用摩尔斯电码的电报机被称为摩尔斯电报机。

在通电导线周围会产生磁场，电报机就是利用这个原理来传递信息的。
电流的“通断”和“长短”要分别用点和线表示出来。
嘀
嘀
A●-
B-●●●
C-●-●
D-●●
E●
F●●-●
G--●
再将这些点和线组成的图案与密码本进行对照，就能破解信息了。
密码

声带
声音是声带振动产生的，声音以波的形式在空气中传播。
我有个想法……
如果能用电流的变化模拟出声波的变化，那电流不就能传送声音了吗？
哈哈，一个想让导线说话的疯子！
小科普：电话机最早是由贝尔发明的。电话由听筒和话筒两部分组成。话筒把声音的振动转化成变化的电流，听筒把变化的电流转化成振动还原声音，所以电话的基本原理是：振动→变化的电流→振动。

电话机是通过电信号双向传输话音的终端设备，包括送话器、受话器、连接器等。
我们可以制作简易电话机，玩游戏咯！
喂，你好！
听到了！

互联网

小科普： 互联网指的是网络与网络之间所串连成的庞大网络。目前，互联网已经成为人们生活中不可或缺的一部分，它为我们带来了诸多便利，如在线购物、在线教育、在线社交等，也为我们的学习和工作提供了更加高效的帮助。

小科普： 在计算机网络与信息通信领域里经常提及“协议”，互联网中常用的协议有HTTP协议、TCP协议、IP协议等。这些协议是对计算机必须遵守的规则的描述，只有遵守这些规则，计算机之间才能进行通信。

感谢万维网，我能提供内容共享了。
网页上有各种信息，可谓应有尽有！
小科普：1989 年，英国科学家蒂姆·伯纳斯·李提出了“万维网”的概念。万维网是一种基于超文本的信息共享系统，它使用了统一资源定位符（URL）和超文本传输协议（HTTP），让用户可以通过链接在网页间跳转，从而使互联网得到了广泛普及。
点击链接，即刻实现跳转！

小朋友们好！
让世界各地的人联系在一起，这就是我的魅力！

手 机

小科普： 手机又叫移动电话，是可以在较大范围内使用的便携式电话终端。如今手机已经与我们的生活密不可分，它具有通信、购物、付款、娱乐、学习等功能，让我们的生活变得越来越便利。

小科普： 电磁波的发现，成为“有线电通信”向“无线电通信”发展的转折点，也成为整个移动通信的发源点。可以说，没有电报和电话，手机无线通信就无从谈起。

小科普：马丁·库帕发明了第一代移动电话，它虽然笨重，且仅有拨打和接听电话两种功能，却意味着无线通信的诞生。1987 年，中国市场引入了摩托罗拉手机，即“大哥大”。

摆脱按键咯！
小科普：IBM Simon 于 1994 年 8 月 16 日上市，是世界上公认的第一部智能手机。它最大的特点就是没有物理按键，输入信息完全依靠触屏。
看看全世界的小伙伴在做什么？
逛逛应用商店。
小科普：手机软件是安装在智能手机上的软件，它能补充原始系统的不足，实现个性化。随着智能手机的普及，人们在沟通、社交、娱乐等活动中越来越依赖于手机软件。

录音机

小科普：“会说话的机器”曾经只是一个荒诞不经的笑话，而爱迪生将这个梦想变成了现实。1877 年，爱迪生发明了第一台录音机，将声波变换成金属针的震动，并将波形刻录在锡箔上，当针再一次沿着刻录的轨迹行进时，声音就可以重新发出。

白炽电灯是我的发明！
留声机也是我的发明！
天才们，像我一样多发现、多发明吧！
还有电影放映机！
小科普： 爱迪生是世界著名的发明家，他发明了白炽电灯、留声机、电影放映机等产品，对人类影响巨大，被誉为“世界发明大王”。

可复制的优美音乐。
小科普：爱迪生录下了声音，但他录制的声音却无法复制，而且音质较粗糙。埃米尔·贝林纳发明了平面式留声机和蝶形唱片，解决了录音的复制问题，可以大量复制唱片。
A
青花瓷
素胚勾勒出青花
笔锋浓转淡
4:01
后来，出现了磁带录音机、MP3和手机，可以用它们更方便地进行录音、播放音乐了。

小科普：录音笔具有更好的麦克风灵敏度，而且录音时间更长。智能录音笔还有实时转写和同声传译功能。

COMIC SCIENCE

漫画科学大揭秘

人体真奇妙

郭珣◎编著

中国旅游出版社

选题策划：超美文化
责任编辑：胡一鸣
责任印制：冯冬青
插图制作：澜星纪元
装帧设计：超美文化

图书在版编目（CIP）数据

人体真奇妙 / 郭珣编著. — 北京 : 中国旅游出版社, 2025. 1. —（漫画科学大揭秘）. — ISBN 978-7-5032-7451-0

Ⅰ. R32-49

中国国家版本馆 CIP 数据核字第 20247B6Z55 号

书　　名：漫画科学大揭秘 · 人体真奇妙

作　　者：郭珣　编著
出版发行：中国旅游出版社
（北京静安东里 6 号　邮编：100028）
http://www.cttp.net.cn　E-mail: cttp@mct.gov.cn
营销中心电话：010-57377103　010-57377106
读者服务部电话：010-57377107
排　　版：澜星纪元
经　　销：全国各地新华书店
印　　刷：三河市腾飞印务有限公司
版　　次：2025 年 1 月第 1 版　2025 年 1 月第 1 次印刷
开　　本：710 毫米×1000 毫米　1/16
印　　张：18
字　　数：23 千
定　　价：120.00 元（全 6 册）
ISBN 978-7-5032-7451-0

前 言

皮影戏表演是怎么回事？手机为什么能进行无线通信？宇航员是如何登月的？我们从哪里来……同学们，你们对这些科学知识是不是感到非常好奇？

要想知道梨子的味道，那就亲自尝一尝。赶快翻开这套《漫画科学大揭秘》吧，相信你会在书中获得想要的答案。

为了让略显枯燥的科学知识变得通俗易懂、活泼有趣，我们用漫画的形式来讲解科学知识。图画生动形象、色彩鲜艳，通过设在生活场景里的漫画故事，你能在潜移默化中学会科学知识点，就像有个人在你耳边娓娓道来。

此外，我们还在漫画中根据需要设置了"小科普"，对相关的知识进行拓展，能丰富你的知识面，使你能更全面深刻地理解科学知识，及时进行巩固强化。

我们相信，通过阅读《漫画科学大揭秘》，同学们一定能够掌握科学世界的奥秘，领悟到科学知识的神奇力量，增强探究意识，勇攀科学高峰，成为掌握知识、拥有智慧的人！

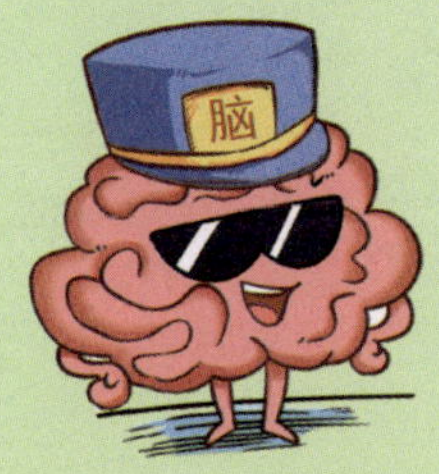

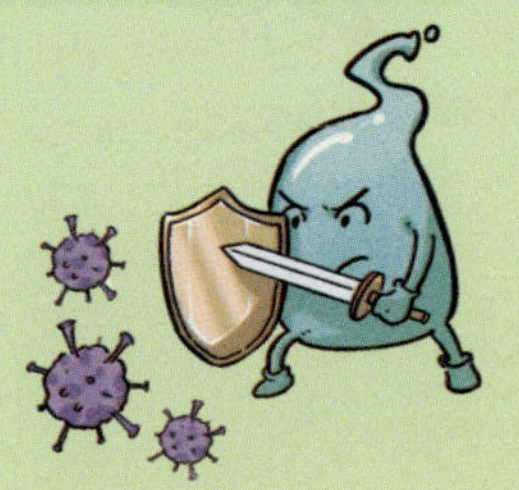

目 录

细胞和子宫

我是从妈妈的肚子里出来的吗？
对呀，妈妈的子宫就是你的第一个家哦。
妈妈这么瘦，我怎么住得下？
你是从一个很小很小的细胞开始长大的。

小科普：胎儿是由受精卵发育而来的，受精卵是由妈妈提供的卵细胞和爸爸提供的精子结合而成的一个完整细胞。当受精卵在子宫内着床时，母体就怀孕了。

小科普：胎儿在妈妈子宫内的活动可不少，他们可以在羊水中游动，后期还会通过吞食羊水锻炼呼吸能力。胎宝宝在 24 周左右时，就已经能够分辨出妈妈身体外部、内部的不同声音了。

小科普： 脐带是胎儿和母体交换物质的通道，母体通过脐带向胎儿输送氧气和营养物质，胎儿通过脐带向外部输送二氧化碳等代谢废物。

骨和关节

糟糕，迟到啦！
一二三四——
我练成了钢筋铁骨！
小科普：支撑我们身体的是骨头，分为颅骨、躯干骨和四肢骨三大部分。人体共有206块骨头，骨头之间由关节连接，它们构成了人体的骨架——骨骼。正是由于骨头和关节的存在，我们才能自由活动。
唔，好痛！

小科普： 人体长高是骨细胞分裂增长的结果，骨骼的生长需要摄取多样、充足的营养物质，并保证充足的睡眠和适当的运动量。当骨骼闭合、停止生长后，我们就不会长高了。

小科普：人有左右手，两只手相互对称。手由手掌和拇指、食指、中指、无名指、小指五根手指组成，手的主要功能是抓、握。手掌的中心称为掌心，掌心有掌纹，掌纹会随着时间流逝而加深。

千里之行，
始于足下。
坚持！
小科普：脚部共有26块骨头，它位于身体的底部，是人体重要的负重器官和运动器官。

眼睛和耳朵

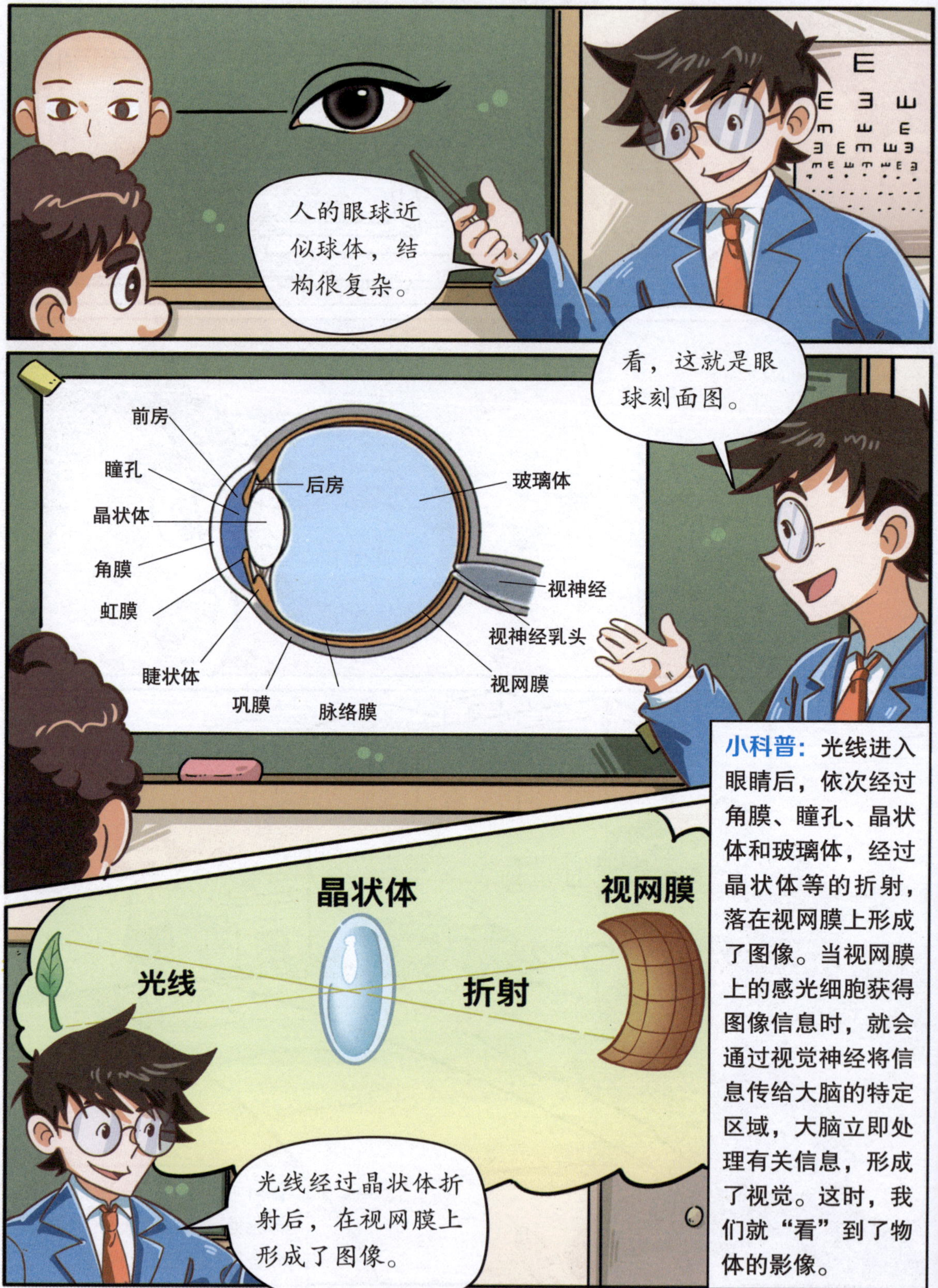
人的眼球近似球体，结构很复杂。
看，这就是眼球刻面图。
前房
瞳孔
晶状体
角膜
虹膜
睫状体
巩膜
脉络膜
后房
玻璃体
视神经
视神经乳头
视网膜
小科普：光线进入眼睛后，依次经过角膜、瞳孔、晶状体和玻璃体，经过晶状体等的折射，落在视网膜上形成了图像。当视网膜上的感光细胞获得图像信息时，就会通过视觉神经将信息传给大脑的特定区域，大脑立即处理有关信息，形成了视觉。这时，我们就“看”到了物体的影像。
晶状体
视网膜
光线
折射
光线经过晶状体折射后，在视网膜上形成了图像。

嘀嘀
嘀嘀
TAXI
猜猜我是谁？
小科普：耳朵是我们的听觉器官，能让我们获得声音信息。我们可以通过耳朵听到声音，感觉到声音发出的位置、发出声音的人是谁，从而处理声音中包含的内容信息。

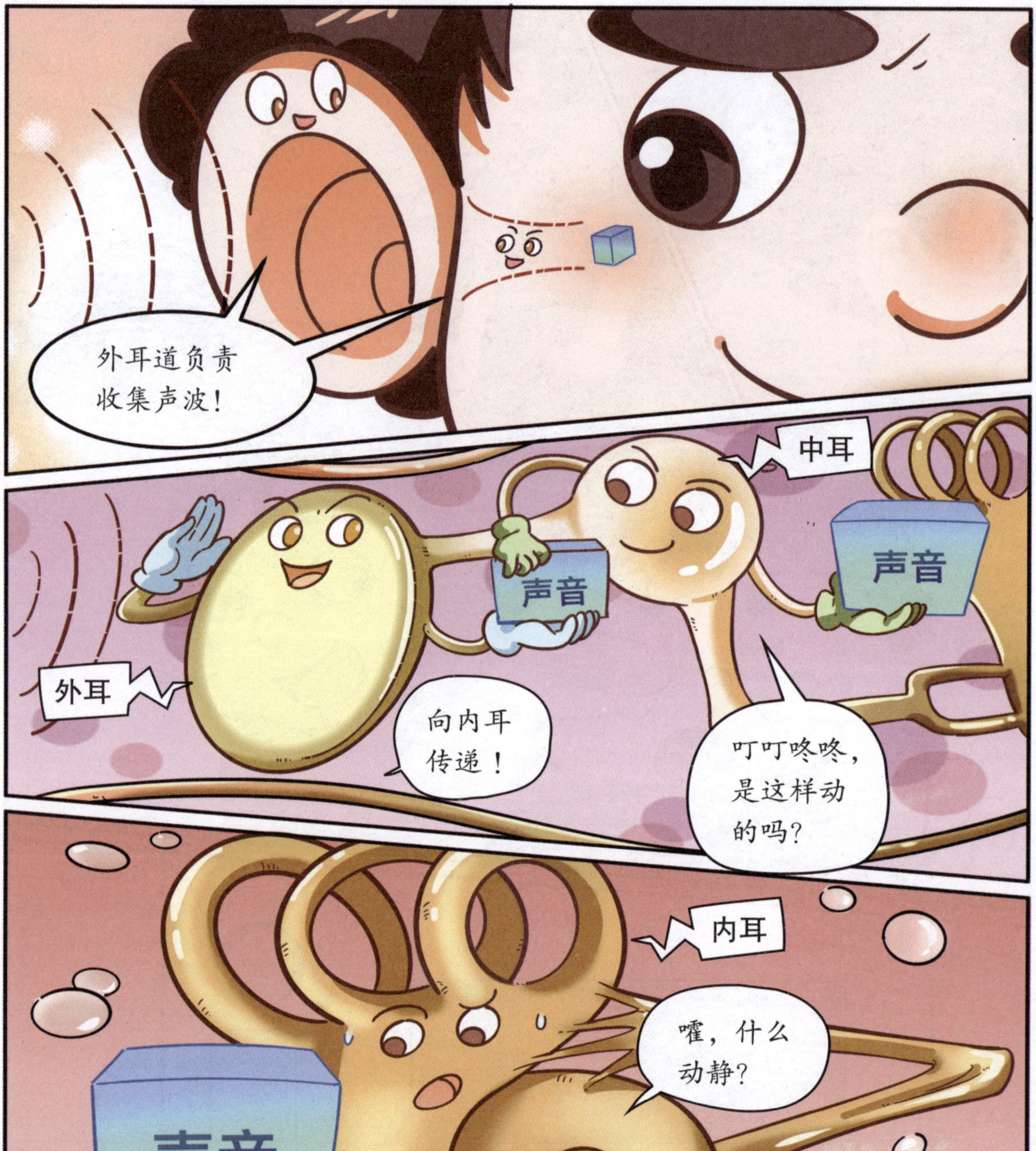

小科普： 耳朵由外耳、中耳和内耳三部分构成。外界的声波经过外耳道传到中耳的鼓膜，鼓膜的振动通过听小骨传到内耳，刺激了耳蜗内对声波敏感的感觉细胞，这些细胞将声音信息通过听觉神经传给大脑的特定区域，人就产生了听觉。

鼻子和嘴巴

小科普： 鼻子由外鼻、鼻腔及鼻旁窦三部分构成，它是呼吸道的起始部分，也是嗅觉器官，让我们能够识别气味。

小科普：鼻涕是鼻内组织分泌的液体，是鼻腔的自我保护物质。鼻涕可以加热、加湿空气，避免冷空气进入气管和肺部，还可以排出鼻腔中的灰尘或有害物质，防止鼻腔感染。

舌头
舌头是我们的味觉器官。
糖水真甜呀！
苦瓜
苦瓜好苦呀！
小科普：舌头是味觉器官，它能够帮助我们识别酸、甜、苦、咸、鲜等味道。

糟糕！我没有牙齿了。
别担心，还会长出新牙的！
小科普：牙齿是人体最硬的器官，除了切咬、咀嚼等功能外，还具有保持面部外形等作用。人一生有两次萌生出牙齿，乳牙在出生后 6 个月开始至 3 岁左右长全，6 ~ 7 岁时乳牙开始脱落，再次萌生出的牙齿叫恒牙。人共有 32 颗牙齿。
啃不动鸡腿了。

皮肤

小科普：皮肤由表皮层、真皮层和脂肪层构成，它是重要的身体器官，是保护我们的“铠甲”。如果身体某处的皮肤破损了，却没有及时进行清洗、消毒、包扎，就会有大量的病菌趁虚而入，攻击我们的身体。

小科普：一般将世界上的人分为黄种人、黑种人、白种人三种，我们黄色人种的皮肤是淡黄色到棕色的。人体皮肤的颜色之所以不同，是因为皮肤表层的色素沉淀不同。

呼
呼
紧张
演出入口
012
保持镇定！
小科普：皮肤的真皮层中有汗腺，汗腺在受热和紧张时就会分泌出汗液，汗液中含有水、盐分等物质。

小科普： 指甲和毛发是皮肤的附属组织，它们并不是人体器官，也不含有神经和血管。指甲是紧密而坚实的角化皮层，主要功能是保护指头。毛发包括头发、眉毛、腋毛等，它的生长呈现周期性，分为生长期、退行期、休止期，毛发生长到一定时间就会自行脱落，不会无限生长。

人脑

小科普： 人脑分为大脑、小脑、间脑和脑干四个部分，负责感觉、感知、协调、运动、记忆、情绪等多种功能。

报！手被前方物体烫到了。
撤回来！
司令
脑
吐掉。
报！舌头说这药太苦了。
报！这是眼睛看到的图像。
不对，这才是正确的图像，发下去。

跳下去！
跳
左腿抬起来！
小科普：脑控制着人的运动。人喝醉之后出现站不稳等行为，是因为脑被酒精麻痹，难以控制人的运动。我们的脑虽然有着强大的记忆和储存能力，但人类对于脑的开发程度还远远不够。
醉酒后，被麻痹了……

小科普： 大脑由左脑和右脑两个半球组成，它们通过胼胝体连接。左脑主要从事逻辑思维，控制与理解力有关的行为，如语言、阅读、书写、理解、逻辑、记忆、数学运算等，被称为“语言脑”。右脑主要从事形象思维，控制与创造力有关的行为，如空间、感知觉、情感、想象、身体协调、绘画、音乐和舞蹈等，被称为“创造脑”。

肺脏

小科普： 肺是呼吸器官，它时刻与外界进行着气体交换：当隔肌收缩使胸腔容积扩大时，肺便扩张了，肺内的气压降低后，外界气体就被吸入了；当隔肌舒张使胸腔容积缩小时，肺便收缩了，肺内的气压相应增大后，气体就被呼出了。

吸——
呼——
呼——
呼呼呼，真受不了啊！
小科普：肺活量是指一次尽力吸气后，再尽力呼出的气体总量，被当作评价人体素质的指标之一。

哈哈……
小科普：人在呼吸时喉口会开放，空气畅通无阻，吞咽时会厌软骨会像盖子一样盖住喉的入口，避免食物进入气管里。人如果边吃饭边说笑，吞咽时会厌软骨来不及盖住喉的入口，食物就会进入气管，引起剧烈咳嗽。
咳咳——
为什么鼻子也好辣？
小科普：我们的呼吸系统包括呼吸道和肺，呼吸道分为上呼吸道（鼻、咽、喉）和下呼吸道（气管、支气管）。鼻腔和口腔通过咽部连接。人们吃进去的食物和吸入的空气都要经过咽，空气进入气管，而食物进入食道。

小科普：哮喘是支气管感染或者过敏引起的一种疾病，一般表现为反复发作的喘息或咳嗽等症状。患有哮喘时，用气雾剂做吸入治疗，可快速平复。
小科普：鼻炎是由病毒、过敏原等引起的鼻腔黏膜炎症，表现为流鼻涕、打喷嚏等症状。
是肺炎引起的发热。
小科普：肺炎是由细菌、病毒等感染肺部引起的一种严重疾病，常表现为发烧、胸部疼痛、咳嗽、呼吸急促等症状。

血液

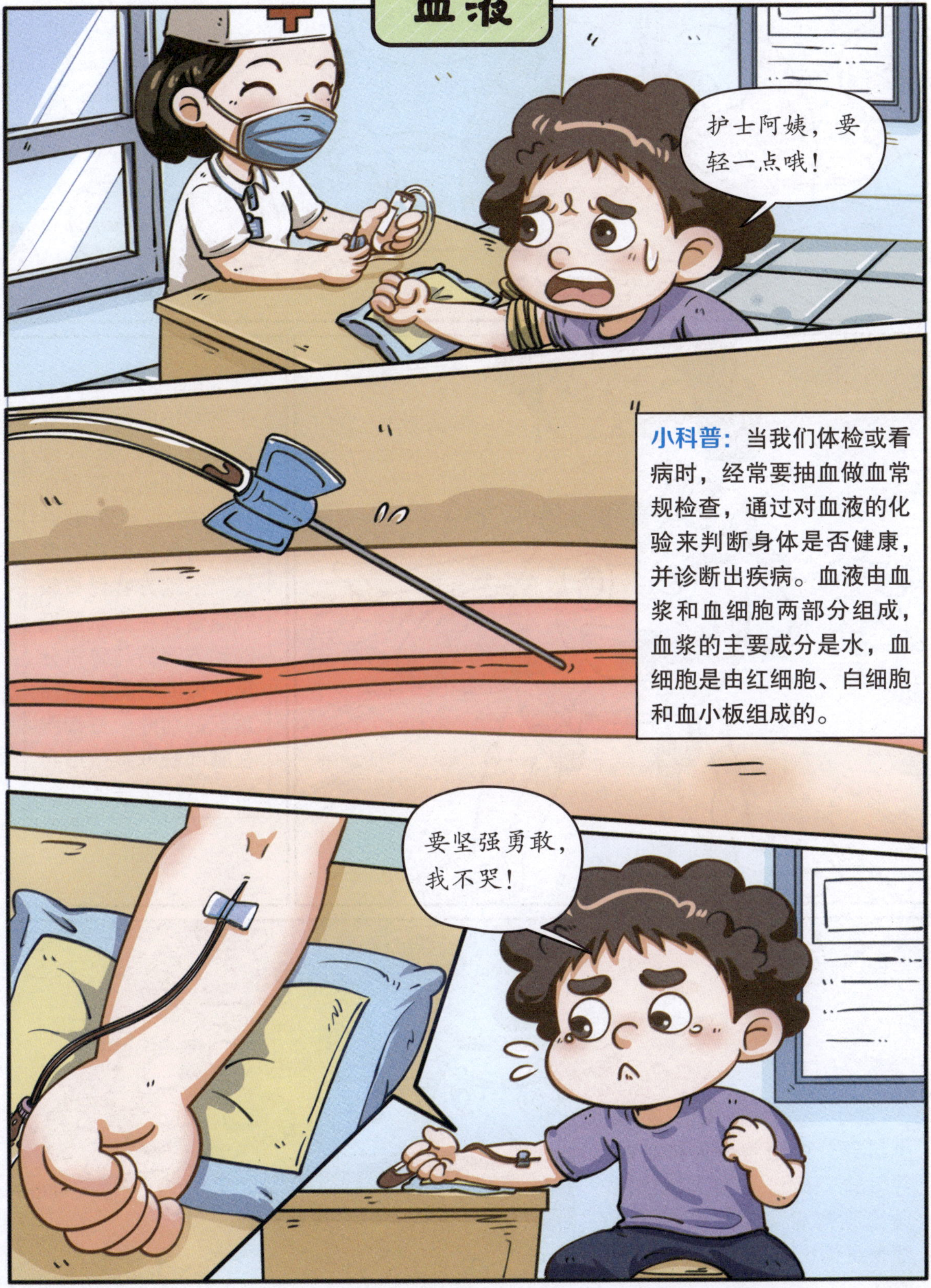
护士阿姨，要轻一点哦！
小科普：当我们体检或看病时，经常要抽血做血常规检查，通过对血液的化验来判断身体是否健康，并诊断出疾病。血液由血浆和血细胞两部分组成，血浆的主要成分是水，血细胞是由红细胞、白细胞和血小板组成的。
要坚强勇敢，我不哭！

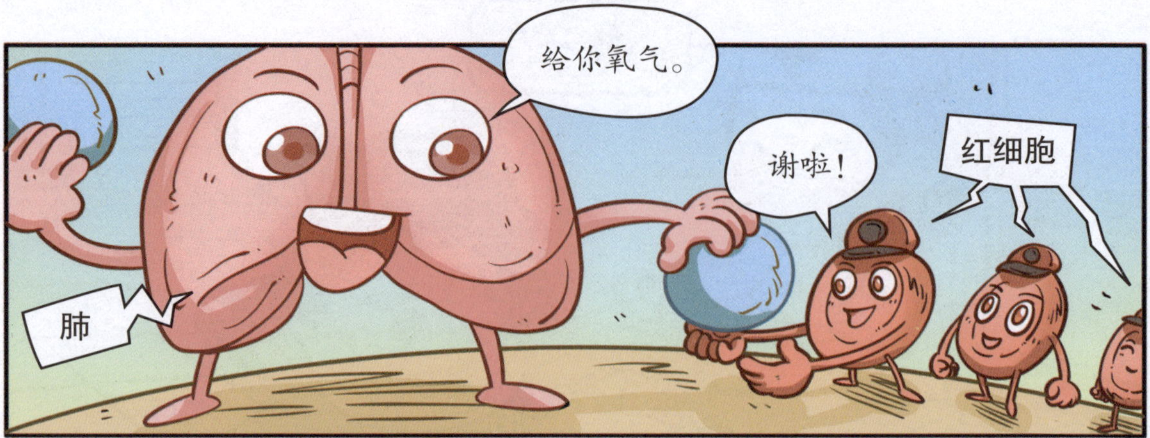

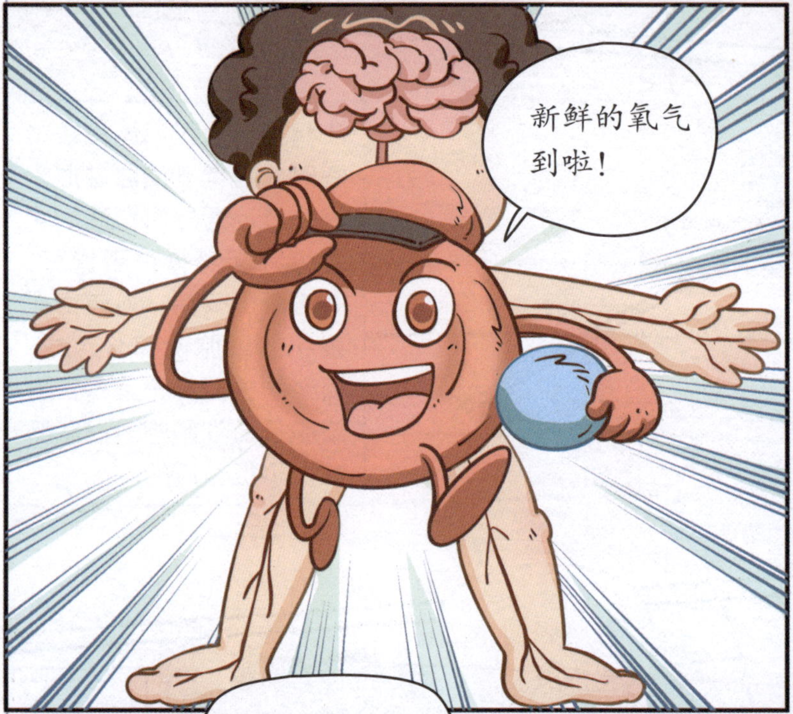

小科普： 血细胞中数量最多的就是红细胞，红细胞因富含血红蛋白而呈现出红色。血红蛋白在含氧量高的地方容易与氧气结合，在含氧量低的地方容易与氧气分离，因此它具有运输氧气的功能。红细胞在肺部获取氧气后会将它运往全身各处。

小科普： 白细胞是人体与疾病斗争的“卫士”，如果人体内的白细胞数量高于正常值，很可能是身体出现了炎症。

还没包扎伤口呢，就不流血了？
小科普：当我们受伤时，血小板就会在伤口处聚集，并释放出与血液凝固有关的物质，形成凝血块堵塞伤口，因此能够止血。但是，当伤口太深时，血小板的凝结功能就无能为力了。
止血
啊？根本来不及啊！

小科普：血液通过血管进行输送，血管分为动脉、静脉和毛细血管。手臂上的“青筋”就是静脉，静脉的管壁较薄。
什么在跳动？
脉搏和心跳一样呢！
小科普：颈部及腕部内侧能够摸到的搏动血管是动脉，动脉内的血液流速较快。毛细血管连通着最小的动脉与静脉，它遍布全身。脉搏是从人的体表可触摸到的动脉搏动，在正常情况下，脉搏和心跳是一致的。

心脏

检查作业
心跳，你安静一点！
那你先冷静一点！
小科普：在胸部左侧，我们能够感受到心脏搏动。心脏的主要功能是为血液的流动提供动力，心跳依靠心肌收缩使血液流动，当我们运动或者紧张时，心脏肌肉的收缩会加强，因此心跳就加快了。

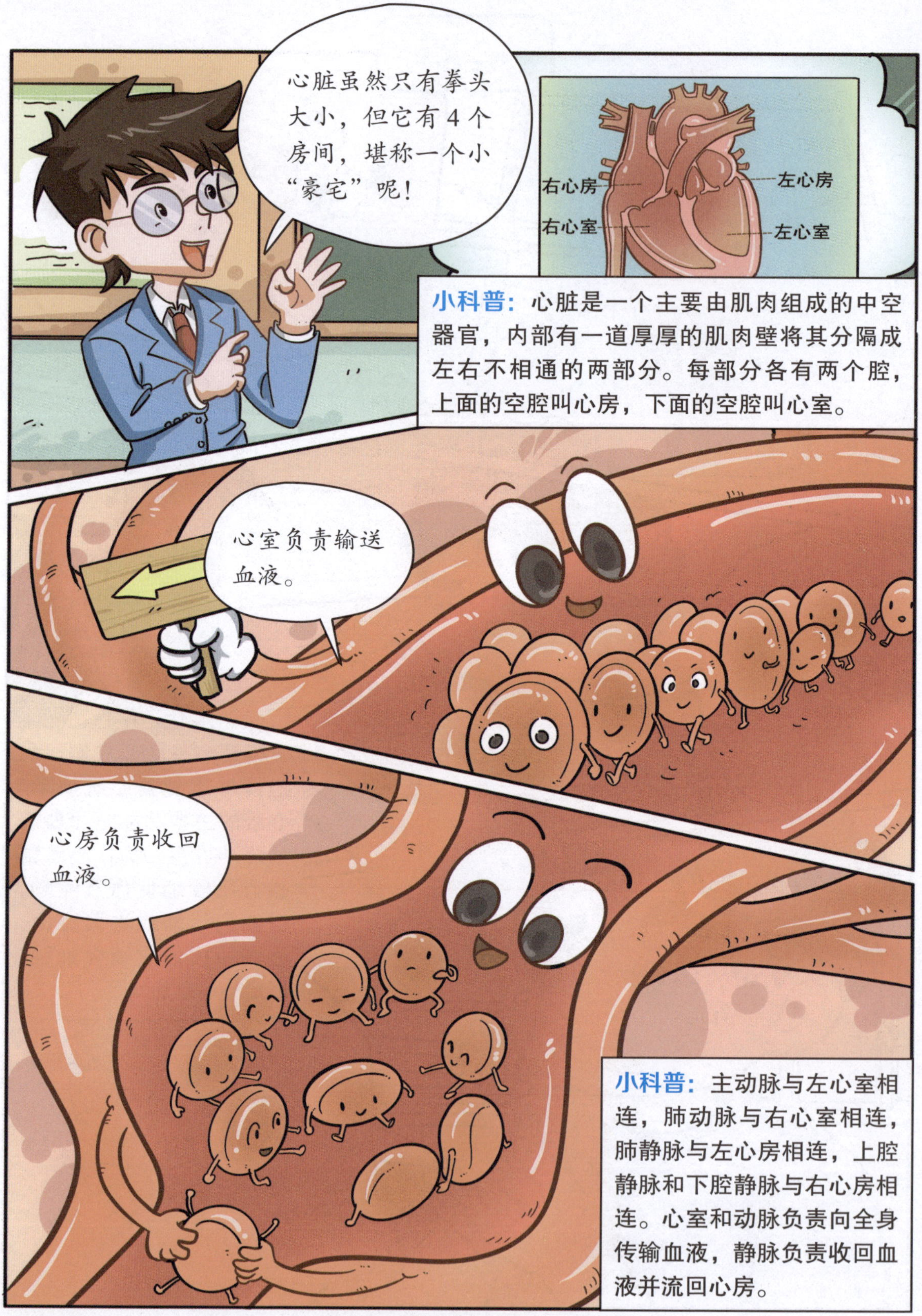
心脏虽然只有拳头大小，但它有4个房间，堪称一个小“豪宅”呢！
右心房
左心房
右心室
左心室
小科普：心脏是一个主要由肌肉组成的中空器官，内部有一道厚厚的肌肉壁将其分隔成左右不相通的两部分。每部分各有两个腔，上面的空腔叫心房，下面的空腔叫心室。
心室负责输送血液。
心房负责收回血液。
小科普：主动脉与左心室相连，肺动脉与右心室相连，肺静脉与左心房相连，上腔静脉和下腔静脉与右心房相连。心室和动脉负责向全身传输血液，静脉负责收回血液并流回心房。

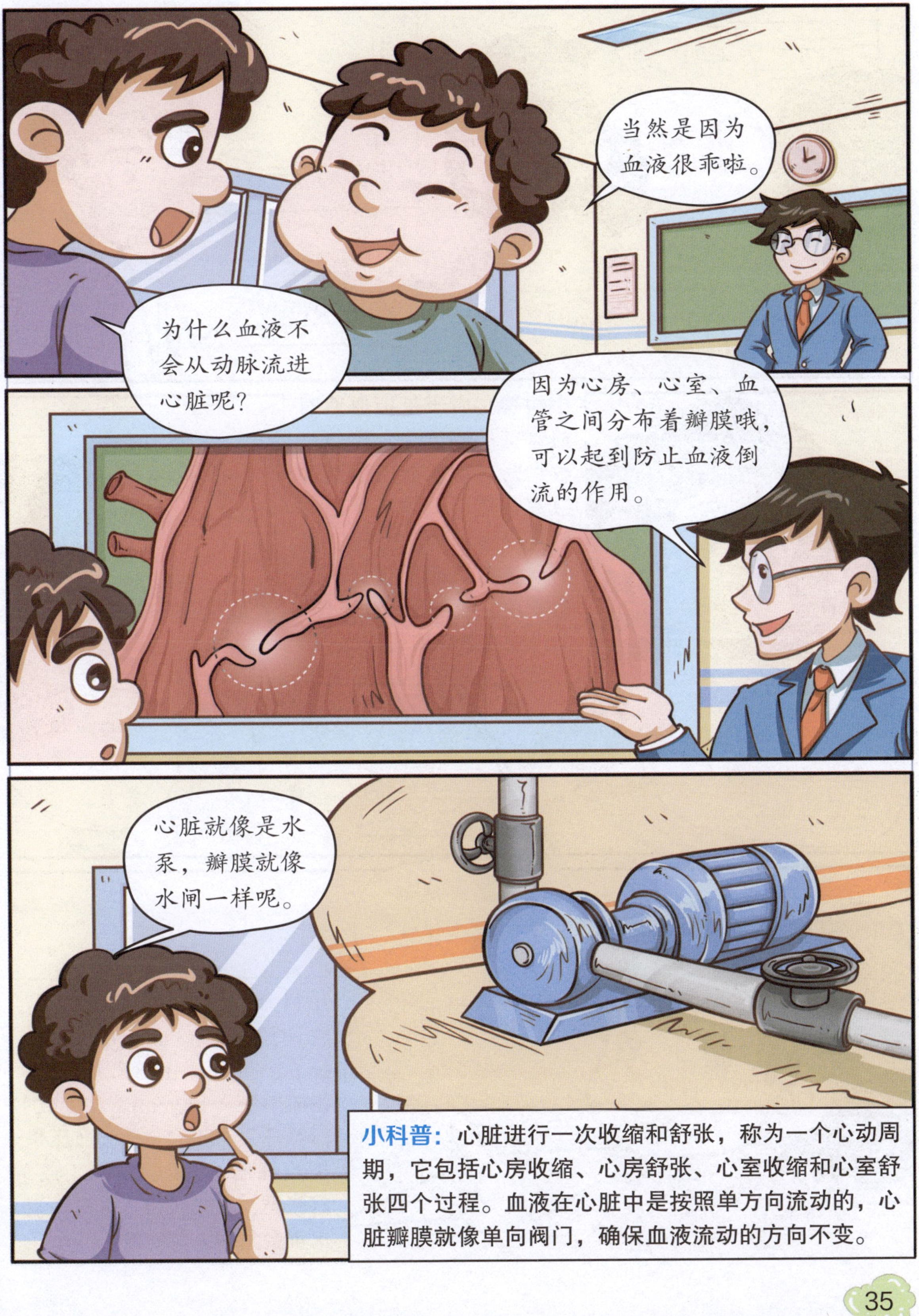
为什么血液不会从动脉流进心脏呢？
当然是因为血液很乖啦。
因为心房、心室、血管之间分布着瓣膜哦，可以起到防止血液倒流的作用。
心脏就像是水泵，瓣膜就像水闸一样呢。
小科普： 心脏进行一次收缩和舒张，称为一个心动周期，它包括心房收缩、心房舒张、心室收缩和心室舒张四个过程。血液在心脏中是按照单方向流动的，心脏瓣膜就像单向阀门，确保血液流动的方向不变。

奶奶，您在做什么呢？
小科普：血压是指血液对血管壁的侧压力，当心脏收缩时，动脉血压达到的最高数值叫收缩压；当心脏舒张时，动脉血压下降的最低数值叫舒张压。医生常用“收缩压/舒张压”的形式来表示血压。
我在量血压，就是测量血液对血管壁的压力。
高
您的血压有点高，要注意哦。
血压高或低都不利于人体健康哦。
小科普：正常人安静状态下，收缩压90～139mmHg，舒张压60～89mmHg。高血压是指收缩压≥140mmHg和（或）舒张压≥90mmHg；低血压是指收缩压≤90mmHg和（或）舒张压≤60mmHg。这两种情况都会危害人体健康。

胃与肠

小科普： 古人曾把吃饭戏称作“祭五脏庙”，虽然饮食与心、肝、脾、肺、肾的健康是有关的，但人体的消化系统不包括五脏。消化系统由消化道和消化腺两部分组成。消化道包括食管、胃、小肠和大肠等部位。

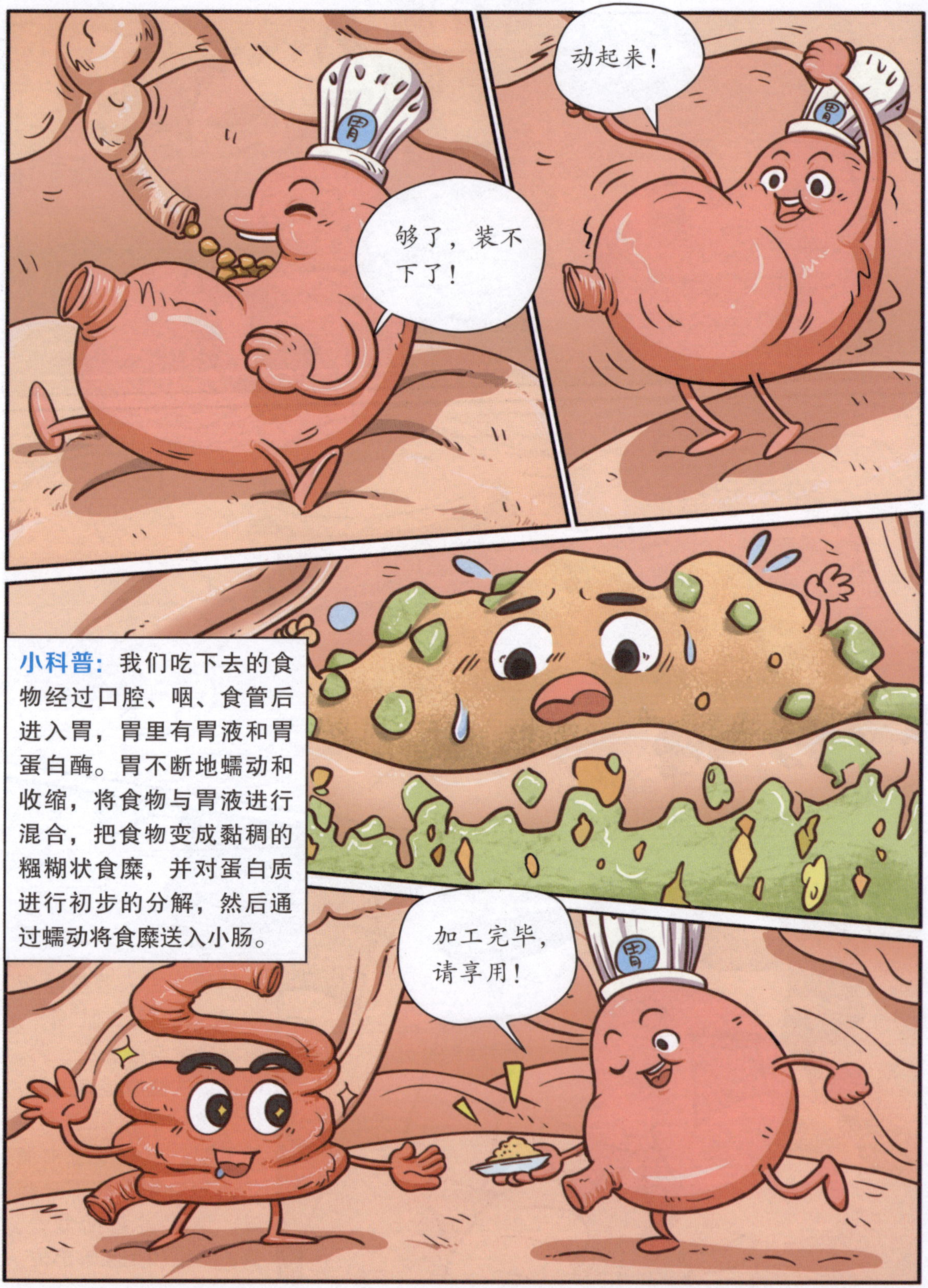
够了，装不下了！
动起来！
小科普：我们吃下去的食物经过口腔、咽、食管后进入胃，胃里有胃液和胃蛋白酶。胃不断地蠕动和收缩，将食物与胃液进行混合，把食物变成黏稠的糨糊状食糜，并对蛋白质进行初步的分解，然后通过蠕动将食糜送入小肠。
加工完毕，请享用！

小科普：小肠中有大量的消化液，能够将糖类、蛋白质和脂肪分解为可被吸收的物质，小肠吸收的营养物质会通过血液运往全身。剩下的食物会运行到大肠内，大肠吸收了其中的部分水、无机盐和维生素后，食物残渣就会形成粪便，并通过肛门排到体外。

小科普：胃腺、肠腺和胰腺是消化腺，它们能够分泌消化液：胃腺能分泌胃液，肠腺能分泌肠液，胰腺能分泌胰液。有了消化腺分泌的消化液，消化器官才能完成消化。

肾和膀胱
波涛汹涌
让一让，人有三急！
WC
哗——
小科普：人体的泌尿系统由肾脏、输尿管、膀胱和尿道组成，排尿就是由泌尿系统完成的。我们每天都要排出尿液，尿液是人体的代谢废物，它的主要成分有水、无机盐和尿素等。
向前一小步
文明一大步
呼——

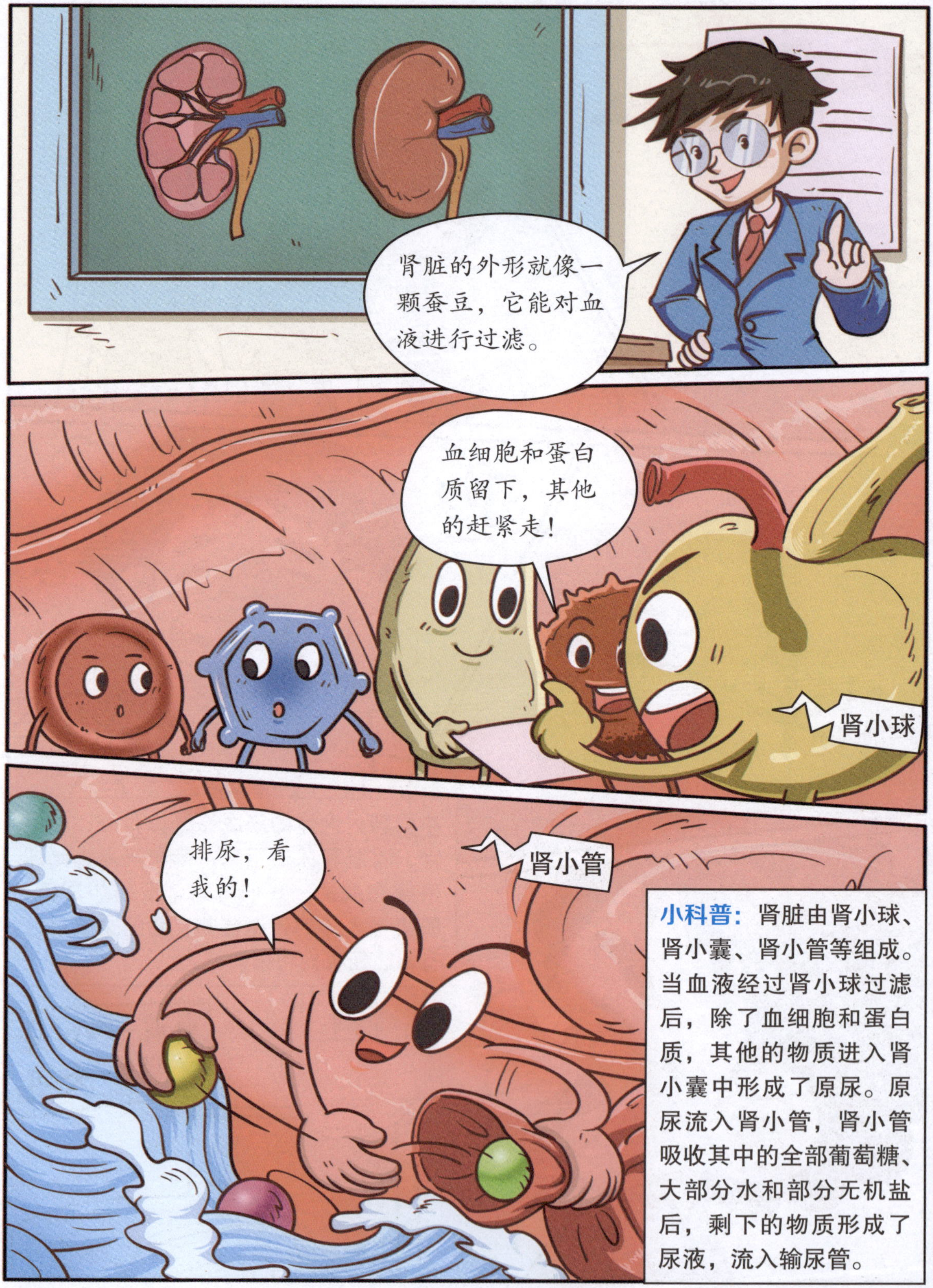
肾脏的外形就像一颗蚕豆，它能对血液进行过滤。
血细胞和蛋白质留下，其他的赶紧走！
肾小球
排尿，看我的！
肾小管
小科普：肾脏由肾小球、肾小囊、肾小管等组成。当血液经过肾小球过滤后，除了血细胞和蛋白质，其他的物质进入肾小囊中形成了原尿。原尿流入肾小管，肾小管吸收其中的全部葡萄糖、大部分水和部分无机盐后，剩下的物质形成了尿液，流入输尿管。

膀胱
喂，快醒醒！
我要炸了！
实在憋不住啦！
小科普：在肾脏中形成的尿液，经过输尿管流入膀胱后会暂时储存起来。当膀胱内的尿液达到一定量时，人就会产生尿意。憋尿有害身体健康，要及时上厕所。

小科普： 肾结石是晶体物质（如钙、草酸等）在肾脏的异常聚积所导致的，发病时会引起腰部或腹部疼痛。

COMIC SCIENCE

漫画科学大揭秘

星际大穿越

郭珣◎编著

中国旅游出版社

选题策划：超美文化
责任编辑：胡一鸣
责任印制：冯冬青
插图制作：澜星纪元
装帧设计：超美文化

图书在版编目（CIP）数据

星际大穿越 / 郭珣编著. — 北京 : 中国旅游出版社, 2025. 1. —（漫画科学大揭秘）. — ISBN 978-7-5032-7451-0

Ⅰ. P159-49

中国国家版本馆 CIP 数据核字第 2024MW8986 号

书　　名：漫画科学大揭秘 · 星际大穿越

作　　者：郭珣　编著
出版发行：中国旅游出版社
（北京静安东里 6 号　邮编：100028）
http://www.cttp.net.cn　E-mail: cttp@mct.gov.cn
营销中心电话：010-57377103　010-57377106
读者服务部电话：010-57377107
排　　版：澜星纪元
经　　销：全国各地新华书店
印　　刷：三河市腾飞印务有限公司
版　　次：2025 年 1 月第 1 版　2025 年 1 月第 1 次印刷
开　　本：710 毫米×1000 毫米　1/16
印　　张：18
字　　数：23 千
定　　价：120.00 元（全 6 册）
ISBN 978-7-5032-7451-0

前言

皮影戏表演是怎么回事？手机为什么能进行无线通信？宇航员是如何登月的？我们从哪里来……同学们，你们对这些科学知识是不是感到非常好奇？

要想知道梨子的味道，那就亲自尝一尝。赶快翻开这套《漫画科学大揭秘》吧，相信你会在书中获得想要的答案。

为了让略显枯燥的科学知识变得通俗易懂、活泼有趣，我们用漫画的形式来讲解科学知识。图画生动形象、色彩鲜艳，通过设在生活场景里的漫画故事，你能在潜移默化中学会科学知识点，就像有个人在你耳边娓娓道来。

此外，我们还在漫画中根据需要设置了“小科普”，对相关的知识进行拓展，能丰富你的知识面，使你能更全面深刻地理解科学知识，及时进行巩固强化。

我们相信，通过阅读《漫画科学大揭秘》，同学们一定能够掌握科学世界的奥秘，领悟到科学知识的神奇力量，增强探究意识，勇攀科学高峰，成为掌握知识、拥有智慧的人！

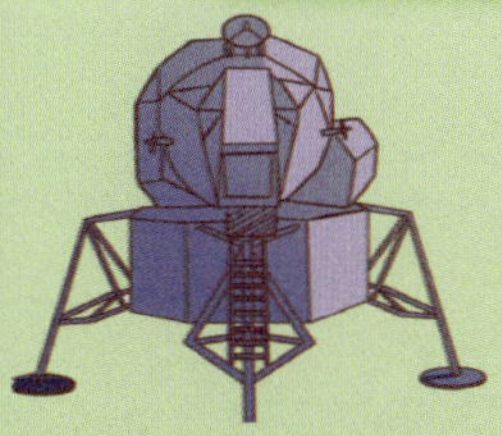

目录

宇宙与银河系

小科普：在大约 138 亿年前，有一个极小的奇点密度极大，且温度极高，它经过大爆炸后，不断地膨胀，最终形成了宇宙。在宇宙大爆炸发生 10 亿年后，星系、星团和类星体出现了。大约 50 亿年前，太阳形成了。

地球是宇宙的中心，所有的星体都围绕着地球旋转。
太阳才是宇宙的中心，地球围绕着太阳旋转！
我只是太阳系中的老大。
小科普：哥白尼是波兰的天文学家，他反对亚里士多德等人提出的“地心说”，提出了“日心说”，认为地球是围绕着太阳运动的。实际上，太阳是太阳系的中心，并不是宇宙的中心。

在整个银河系里，太阳只是一个很普通的恒星，银河系由1200亿～1500亿颗恒星组成。
在银河系外，还有浩瀚的河外星系。
目前为止，人类还没有走出银河系的能力。

银河系是一条河吗？
瞧，这就是我们的银河系。
银河系就像一个盘状的旋涡，而太阳系在其中一条旋臂上。
小科普：银河系呈扁球体，像一个巨大的盘子。太阳系位于银河系的猎户座旋臂上，它到银河系中心的距离大约是 2.6 万光年。
核球
球状星团
太阳系
银盘
恒星晕

恒星

小科普：恒星是由炽热气体组成的能自己发光的球状或类球状天体。天气晴好的晚上，夜幕中总镶嵌着无数的光点，其中除了少数行星，绝大多数是恒星。太阳是距离地球最近的恒星，夜晚我们能看到的恒星，几乎都处于银河系内。

比邻星
太阳
地球
比邻星是太阳系外，距离地球最近的恒星。
我们是相距约 4.2 光年的邻居。
约 4.2 光年
小科普：比邻星距离地球约 4.2 光年，它是离地球第二近的恒星，也是太阳系外离我们最近的恒星。比邻星是一颗红矮星，它的质量和亮度要比太阳小得多。
期待我们真正见面的一天！

8分钟之前，我还在太阳上。
哇，神速呀，我甘拜下风！
天王星
土星
木星
海王星
火星
地球
金星
水星
这就是我们的太阳系！
作为老大，我已经45.7亿岁了。
小科普：太阳是一颗黄矮星，它的寿命大约为100亿年，目前有约45.7亿岁了。太阳与地球距离1.5亿千米，光穿过这段距离大约需要8分20秒。

太阳系的行星

小科普： 在太阳系的八大行星中，水星最接近太阳，它是太阳系中体积和质量最小的行星。金星的温度最高，古人称为“太白星”或“太白金星”。地球的密度最大，环境最宜居。

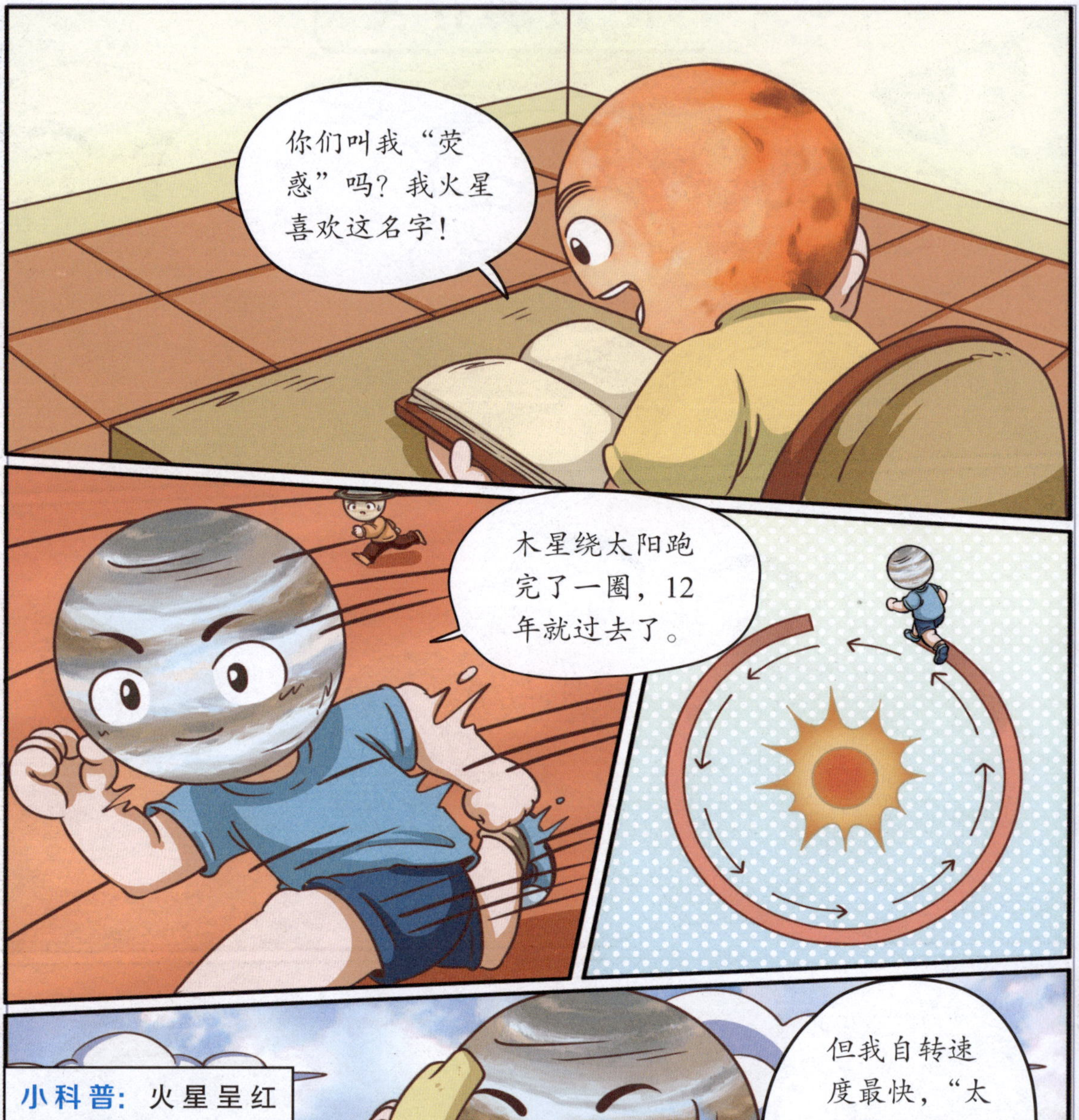
你们叫我“荧惑”吗？我火星喜欢这名字！
木星绕太阳跑完了一圈，12年就过去了。
但我自转速度最快，“太阳系行星之王”非我莫属啊！
小科普：火星呈红色，荧荧像火，古人又称它“荧惑”。木星公转一周正好是12年，在古代又称为“岁星”。木星在太阳系行星中质量最大，它的自转速度最快，被称为“太阳系行星之王”。

听说主角都是自带“光环”的，我天生就是主角！
小科普：土星的周围有着非常明亮的光环，主要成分是冰和少数的岩石残骸以及尘土。
嘶，好冷呀！
嗯，还是躺着公转最舒服！
小科普：天王星是太阳系中最冷的行星，大多数行星总是围绕着几乎与黄道面垂直的轴线自转，可天王星的轴线几乎与黄道面平行，看上去就像是“躺着”公转一样。

一张纸，一支笔，创造了一个奇迹！
水星
金星
地球
火星
木星
土星
天王星
海王星
纯靠计算，我和同伴们预测了海王星的位置！
勒威耶
小科普：海王星是太阳系中距离太阳最远的行星。海王星大气层中含有大量甲烷，它们在高空中遇到电子束时会被分解，并凝结成小颗粒形成钻石晶体。晶体被风带到海王星表面，就会形成下钻石雨的现象。
我这里有超多钻石！

月球

“小时不识月，
呼作白玉盘。”
这可是李白夸
赞过的月亮！
小科普：月球形成于约 45 亿年前，它是围绕地球旋转的球形天体，也是地球唯一的天然卫星。在地球上观测到的月亮高悬于夜空中，它发出白而亮的冷光，非常显眼。

小科普： 卫星是围绕着行星按闭合轨道做周期性运行的天体。太阳系有 180 多颗卫星，地球只有一颗天然卫星，水星和金星都没有卫星。卫星本身并不会发光，月光只是月球表面反射的太阳光。

小科普： 地球对月球具有引力，使月球的公转和自转周期完全一致，因此我们只能看到月球的同一面，这种现象叫作潮汐锁定。月球的引力对地球也会产生影响，大海有规律的潮涨潮落就是潮汐现象，就是月球对地球引力作用的结果。

为什么月亮上面总是有阴影呢？
月亮上真的有玉兔和蟾蜍吗？
小科普：月球和地球一样，既有高山也有平原，这是因为不同的地势对太阳光的反射程度不同。我们看到月亮上的阴影部分，就是月球上的平原，也叫“月海”，它虽然叫“海”，但是并没有水。
月海
月亮的阴影叫“月海”，是没有水的“海”哦。
月陆

星座

小科普：人们为了方便地认识星星，把星星分群划分成不同的区域，并根据它们的形状进行想象和命名，这就是星座。1928 年，国际天文学联合会统一将全天星空划分为 88 个星座。

天空动物园
星空就像一座动物园。
飞马座
天龙座
天鹅座
有飞马座、天龙座、天鹅座……
白羊座
大熊座
金牛座
还有大熊座、白羊座、金牛座……

双鱼座
巨蟹座
水蛇座
水里的动物也有哦，比如双鱼座、巨蟹座、水蛇座……
蛇夫座
人马座
还有人物动物的结合，比如人马座、蛇夫座……
仙后座
仙王座
仙女座
小科普：星座仅仅是依靠恒星之间肉眼可观测的图形来进行划分的，名称相似的星座之间没有关系，比如仙王座、仙后座和仙女座。同一星座的星星之间也并没有关系，距离也不一定很近。

小科普： 北斗七星位于大熊星座的尾部，它们组成的图形像古代舀酒的斗，所以被称为“北斗七星”。从勺口两颗的连线向上延长5倍，就可以找到北极星。

天文望远镜

小科普： 1572 年，第谷 · 布拉赫发现了仙后座中的一颗新星，后来他在丹麦与瑞典间的汶岛建立了“观天堡”，这是世界上最早的大型天文台。第谷用肉眼观测天象，记录了大量极为精确的天文观测资料。

物体被放大了！
小科普：1608 年，荷兰的眼镜商人汉斯 · 利伯希偶然发现孩子拿的两只镜片重叠后，竟然将远处的景物放大了，他据此制作出了简易望远镜。
望远镜改良后，能提升倍率。
小科普：意大利的天文学家、物理学家伽利略制造出了世界上第一架真正的天文望远镜，称为“伽利略望远镜”，从此开启了使用望远镜观测星空的天文史。伽利略用望远镜发现了月球表面是凹凸不平的以及木星的四颗卫星（伽利略卫星）等一系列成果。
原来月球表面是凹凸不平的，木星周围竟然有 4 颗卫星（木星共有 92 颗卫星）……

小科普：哈勃空间望远镜是世界上观测距离最远的望远镜，看到的最远的地方是距地球130亿光年的原始星系。
天文望远镜能看多远？
哈勃空间望远镜是太空中的千里眼！
站得高，果然看得远！
小科普：因为通过地面望远镜观测太空总会受到大气层的影响，因此，天文学家梦想在太空设立望远镜。1990年，以美国天文学家埃德温·哈勃命名的哈勃空间望远镜进入太空，这是天文学走向空间时代的一个里程碑。

看星星咯！
别小看我的“大锅”！
小科普：天文台是专门进行天象观测和天文学研究的机构。世界各国的天文台大多设在山上，每个天文台都拥有一些观测天象的仪器，主要是天文望远镜。通常，天文台有三大类型：光学天文台、射电天文台和空间天文台。
这“大锅”是射电望远镜用来收集电磁波的。

火箭
原始火箭
火药筒
箭杆
箭羽
二级火箭始祖——火龙出水
明朝军队的火器——神火飞鸦
小科普：唐朝时，中国发明了火药。北宋时，制作出了火箭，它以火药为动力，利用火药燃烧产生的气体的反作用力把火箭推向前，在飞行中杀伤敌兵。明朝时，万户试图借助火箭的推力飞行，他被认为是尝试利用火箭飞行的第一人。
火箭一定能够实现我的飞行梦！（危险做法，小朋友请勿尝试）
罗伯特·戈达德正在构想将多级火箭作为动力飞上太空。
EART
怎样才能达到极端高度呢？

小科普： 1926年，戈达德研制的世界上第一枚液体燃料火箭在美国成功发射，宣告了现代火箭技术的诞生，戈达德被誉为“现代火箭之父”。

出发咯！
就到这里，看看环境咋样。
助推器在完成任务后分离，火箭轻装简行，继续上升！
小科普：火箭可以按用途分为探空火箭和运载火箭。探空火箭指在近太空进行探测、科学试验的火箭，是 30 ~ 200 千米高空的有效探测工具。运载火箭又分为卫星运载火箭和载人运载火箭。

小科普：1970 年 4 月 24 日，长征一号运载火箭发射了东方红一号，这是中国第一颗人造地球卫星。中国是世界上第五个完全依靠自己的力量成功发射卫星的国家。
准备好了吗？太空旅行即将开始！
我是“胖五”——长征五号系列运载火箭，承重能力超强！
我更胖了，也更快、更强了！
小科普：长征系列运载火箭具备发射低、中、高不同地球轨道的不同类型卫星及载人飞船的能力，并具备了无人深空探测能力。其不断升级换代，已经拥有 20 多种型号。

人造地球卫星

小科普： 斯普特尼克 1 号又称人造地球卫星 1 号，它由苏联研制发射，是人类研制发射的第一颗人造地球卫星。该卫星在轨工作了 22 天，用途为向地球发出信号，提示太空中的气压和温度变化。

去吧，我的使命结束了！
你们好，这是来自太空的声音。
不用担心我会在太空中“撞车”哦，我有自己的轨道。
小科普：人造卫星由运载火箭发射升空。人造卫星的轨道都是事先规划好的，它们在各自的轨道上运行，一般都不会相撞。

咔嚓——
咔嚓——
天气不太好呀，
得赶紧告诉地面。
收到讯号
近日，雷雨天
气较多……
小科普：气象卫星是从太空对地球及其大气层进行气象观测的人造地球卫星，地面上的各种气象变化都能反映在气象卫星的观测仪器上，并被拍摄成气象卫星云图发送给地面。

当人造地球卫星接近地面接收机时，收到的无线电信号频率会逐渐升高。
人造导航卫星可以通过测定地面物体的距离进行导航定位哦。
人造通信卫星是位于 36000 千米高空的国际信使。
小科普：人造地球卫星根据功能不同，可以分为气象卫星、导航卫星、通信卫星、广播卫星等。

载人航天

加加林是人类历史上第一个进入太空的地球人。
绕行地球一周，这是一趟108分钟的太空旅行。
小科普：1961年4月12日，苏联宇航员加加林乘坐着“东方1号”宇宙飞船进入太空，在最大高度为300多千米的轨道上绕行地球一周，历时1小时48分钟。加加林成为世界上第一个进入太空，也是第一个从太空中看到地球全貌的人。
是的，我刚从太空回来。

我完成了使命。
我感觉良好，我为祖国感到骄傲！
小科普：2003 年 10 月 15—16 日，中国航天员杨利伟乘坐“神舟五号”载人飞船，在太空中绕地球飞行了 14 圈，历时 21 小时 23 分钟，这是中国首次载人航天飞行。

小科普：我国的载人航天飞船为“神舟”系列。宇航员翟志刚乘坐“神舟七号”飞船上天，并出舱作业，实现了中国历史上第一次太空漫步。

登陆月球

1959 年，苏联发射的“月球 1 号”无人探测器进行了绕月飞行。
1969 年，美国发射了“阿波罗 11 号”。
这是个人的一小步，却是人类的一大步！
这里真荒凉，但是非常漂亮！
小科普：1969 年 7 月 21 日，美国宇航员阿姆斯特朗成为首个踏上月球表面的船长，“阿波罗”计划使载人登月的千年梦想变成了现实。

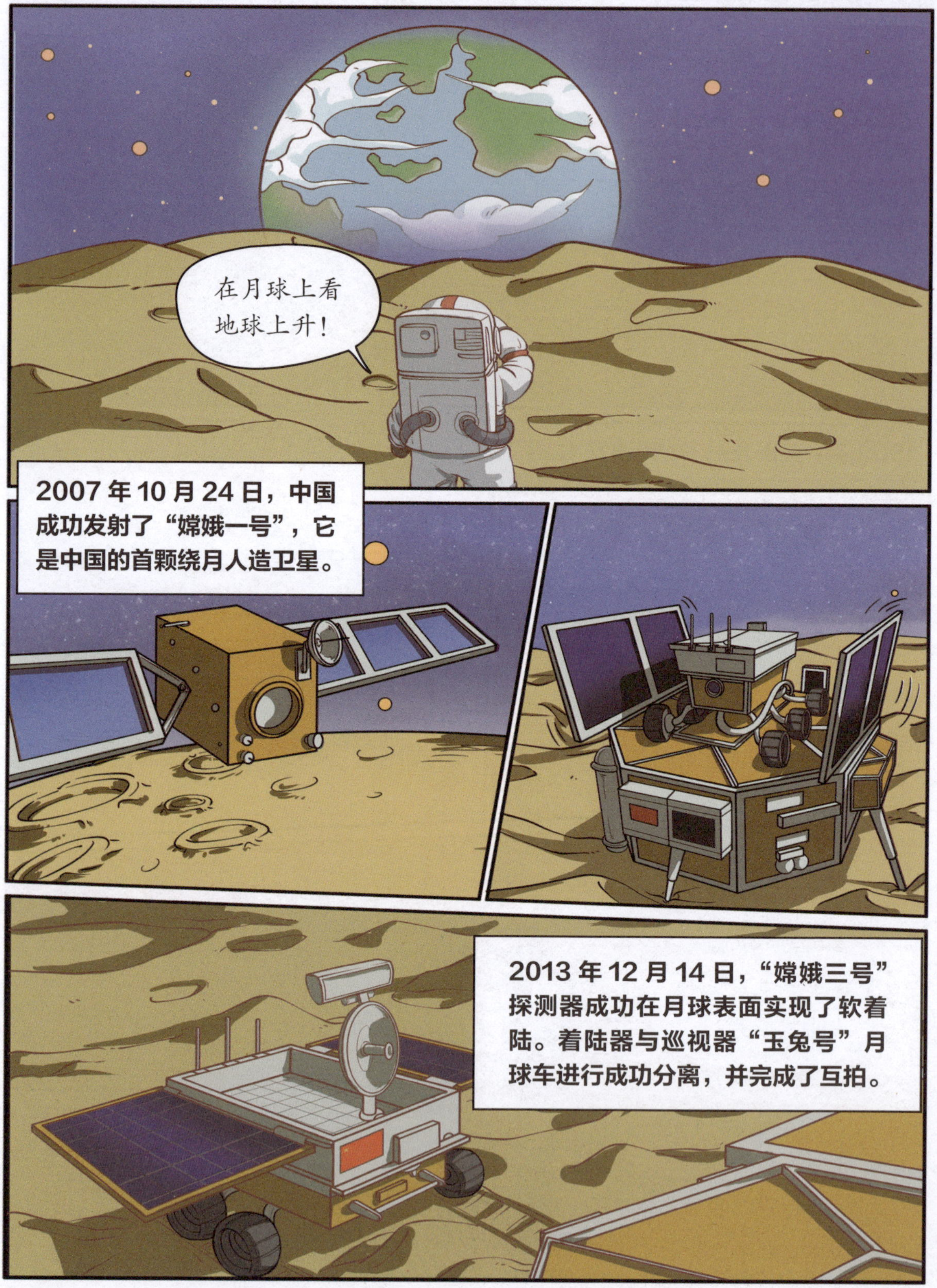
在月球上看地球上升！
2007 年 10 月 24 日，中国成功发射了“嫦娥一号”，它是中国的首颗绕月人造卫星。
2013 年 12 月 14 日，“嫦娥三号”探测器成功在月球表面实现了软着陆。着陆器与巡视器“玉兔号”月球车进行成功分离，并完成了互拍。

坚持住！
你在干什么？
为登月做准备！
科学家说，我们也许 2030 年就能实现登月了，留给我准备的时间可不多了。
小科普：我国载人月球探测工程的登月阶段任务已经启动实施了，有望在 2030 年前实现中国人首次登陆月球。

进入太空

1961年，苏联人加加林成为世界上第一个进入太空的人。
同年，美国人谢泼德也成功进入太空。谢泼德在后来的航天任务中还进行了太空行走。
2003年10月15日，杨利伟乘坐神舟五号进入太空，成为中国首名进入太空的宇航员。

那么宇航员在进入太空后是怎么生活呢？
我会飞啦！
快停下，让我下去！
小科普：太空是微重力的环境，航天员难以用脚走路，甚至难以保持站立，他们移动身体往往要靠“飞”，一个微小的动作就可能让身体“飞”出去。

这是什么？没
什么味道！
哈哈，有
面包！
糟糕，闯
祸了！
可以“吃
水”了。
小科普：早期的太空食品往往做成牙膏状，便于吸食，如今的太空食品已经五花八门了。在失重状态下，人的嗅觉和味觉会减弱，食物的味道也会大打折扣。

可以站着睡觉哦。
飘~
看来，在太空中睡觉还是得用睡袋固定。
小科普：在失重环境下，许多在地面上很简单的事情，在太空中都会变得非常复杂，比如睡觉、上厕所、洗漱、理发等，难度都会大大增加。
新型太空马桶，上厕所不用折腾了！

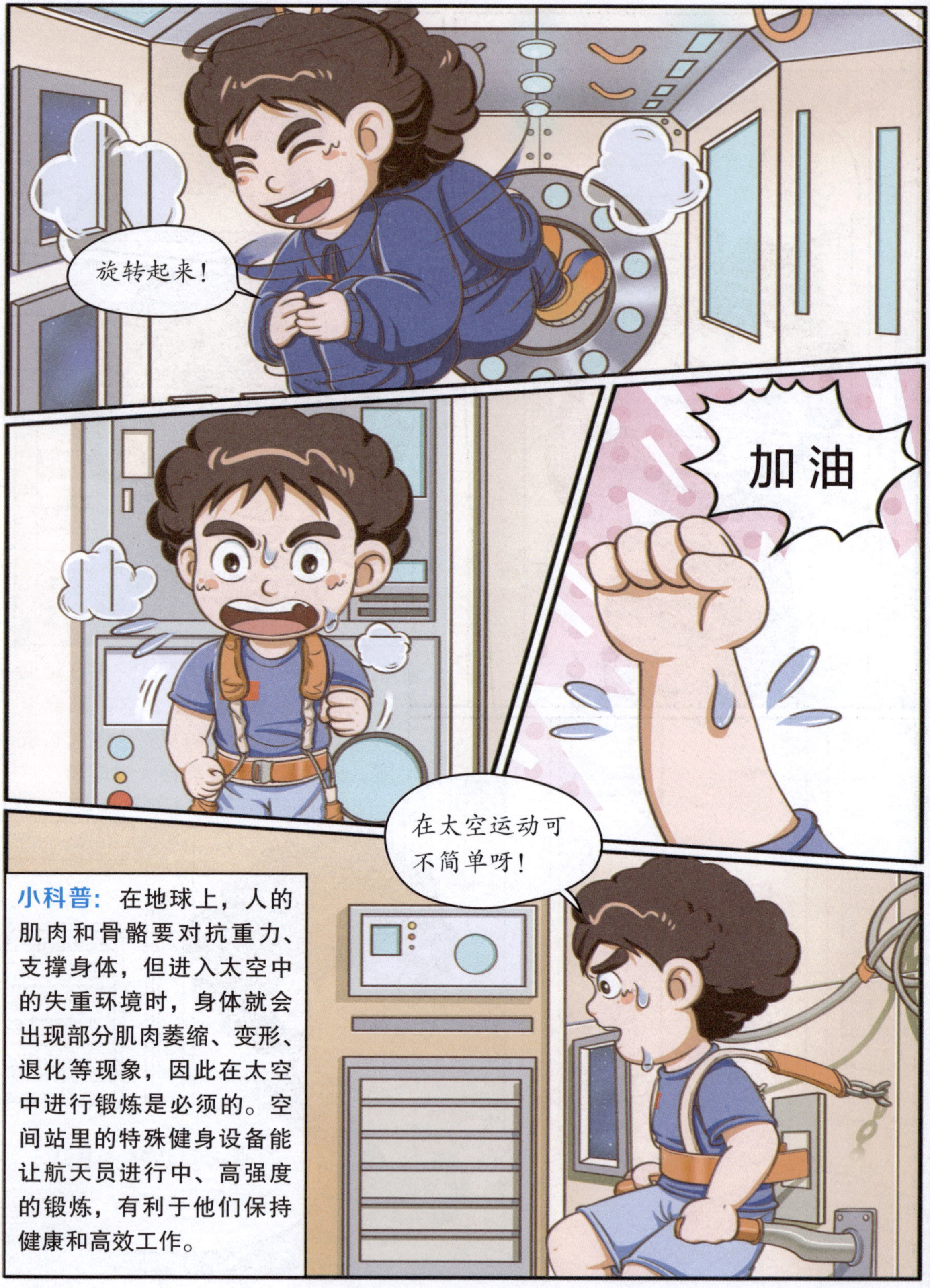

小科普：在地球上，人的肌肉和骨骼要对抗重力、支撑身体，但进入太空中的失重环境时，身体就会出现部分肌肉萎缩、变形、退化等现象，因此在太空中进行锻炼是必须的。空间站里的特殊健身设备能让航天员进行中、高强度的锻炼，有利于他们保持健康和高效工作。

COMIC SCIENCE

漫画科学大揭秘

地下探宝记

郭珣◎编著

中国旅游出版社

选题策划：超美文化
责任编辑：胡一鸣
责任印制：冯冬青
插图制作：澜星纪元
装帧设计：超美文化

图书在版编目（CIP）数据

地下探宝记 / 郭珣编著. — 北京 : 中国旅游出版社, 2025. 1. —（漫画科学大揭秘）. — ISBN 978-7-5032-7451-0

Ⅰ. P5-49

中国国家版本馆 CIP 数据核字第 2024YX2331 号

书　　名：漫画科学大揭秘 · 地下探宝记

作　　者：郭珣　编著
出版发行：中国旅游出版社
（北京静安东里 6 号　邮编：100028）
http://www.cttp.net.cn　E-mail: cttp@mct.gov.cn
营销中心电话：010－57377103　010－57377106
读者服务部电话：010－57377107
排　　版：澜星纪元
经　　销：全国各地新华书店
印　　刷：三河市腾飞印务有限公司
版　　次：2025 年 1 月第 1 版　2025 年 1 月第 1 次印刷
开　　本：710 毫米 × 1000 毫米　1/16
印　　张：18
字　　数：23 千
定　　价：120.00 元（全 6 册）
ISBN 978-7-5032-7451-0

前言

皮影戏表演是怎么回事？手机为什么能进行无线通信？宇航员是如何登月的？我们从哪里来……同学们，你们对这些科学知识是不是感到非常好奇？

要想知道梨子的味道，那就亲自尝一尝。赶快翻开这套《漫画科学大揭秘》吧，相信你会在书中获得想要的答案。

为了让略显枯燥的科学知识变得通俗易懂、活泼有趣，我们用漫画的形式来讲解科学知识。图画生动形象、色彩鲜艳，通过设在生活场景里的漫画故事，你能在潜移默化中学会科学知识点，就像有个人在你耳边娓娓道来。

此外，我们还在漫画中根据需要设置了“小科普”，对相关的知识进行拓展，能丰富你的知识面，使你能更全面深刻地理解科学知识，及时进行巩固强化。

我们相信，通过阅读《漫画科学大揭秘》，同学们一定能够掌握科学世界的奥秘，领悟到科学知识的神奇力量，增强探究意识，勇攀科学高峰，成为掌握知识、拥有智慧的人！

目 录

土壤

小科普：土壤具有很强的蓄水能力，当出现强降雨时，土壤的这种储水能力可以帮助我们有效地泄洪。

小科普： 土壤中的有机质和矿物质决定了土壤的颜色。在我国，东北平原拥有肥沃的黑土，长江以南的地区多为红土，东部地区的土壤颜色发青，西北地区的土壤常为白色，中部的黄土高原为黄土。除此之外，在四川盆地还有一种特殊的土壤，即紫色土。

好漂亮的陶瓷工艺品呀！
这些陶瓷都是用土壤制作的哟。
土壤的可塑性太强了！
小科普：土是常见的天然材料，它的用途非常广泛。人们常以土为原料制作器物，如陶器、瓷器等。

小科普： 土壤为动植物提供了生存环境和物质来源，它对人类而言，是非常重要的自然资源。据估算，形成1米厚的土壤，需要花上万年的时间。但是，目前土壤污染、沙漠化、盐碱化等现象非常严重。为此，国际上把12月5日定为“世界土壤日”，提醒人们珍惜和保护土壤。

植物的根系

快让让，我要生长！
看我的！
唔——
我的根系可不是摆设，别白费力气了！
小科普：土壤为植物生长提供了扎根立足的条件。植物通过扎根在地下的根系，能够吸收土壤中的营养元素和水等物质，使地球表面因绿色植物而生机盎然。

好大的榕树林呀！
奇怪，为什么它们的树干都是连在一起的？
小科普：榕树的主干和枝条上可以长出许多气生根，它们向下垂落进入土壤后，不断增粗成为支柱根。支柱根不分枝、不长叶，具有吸收水分和养料的作用。同时，它还支撑着向外扩展的树枝，能够使树冠不断地扩大，从而形成了遮天蔽日、独木成林的奇观。
只有一棵树！这是同一棵树！

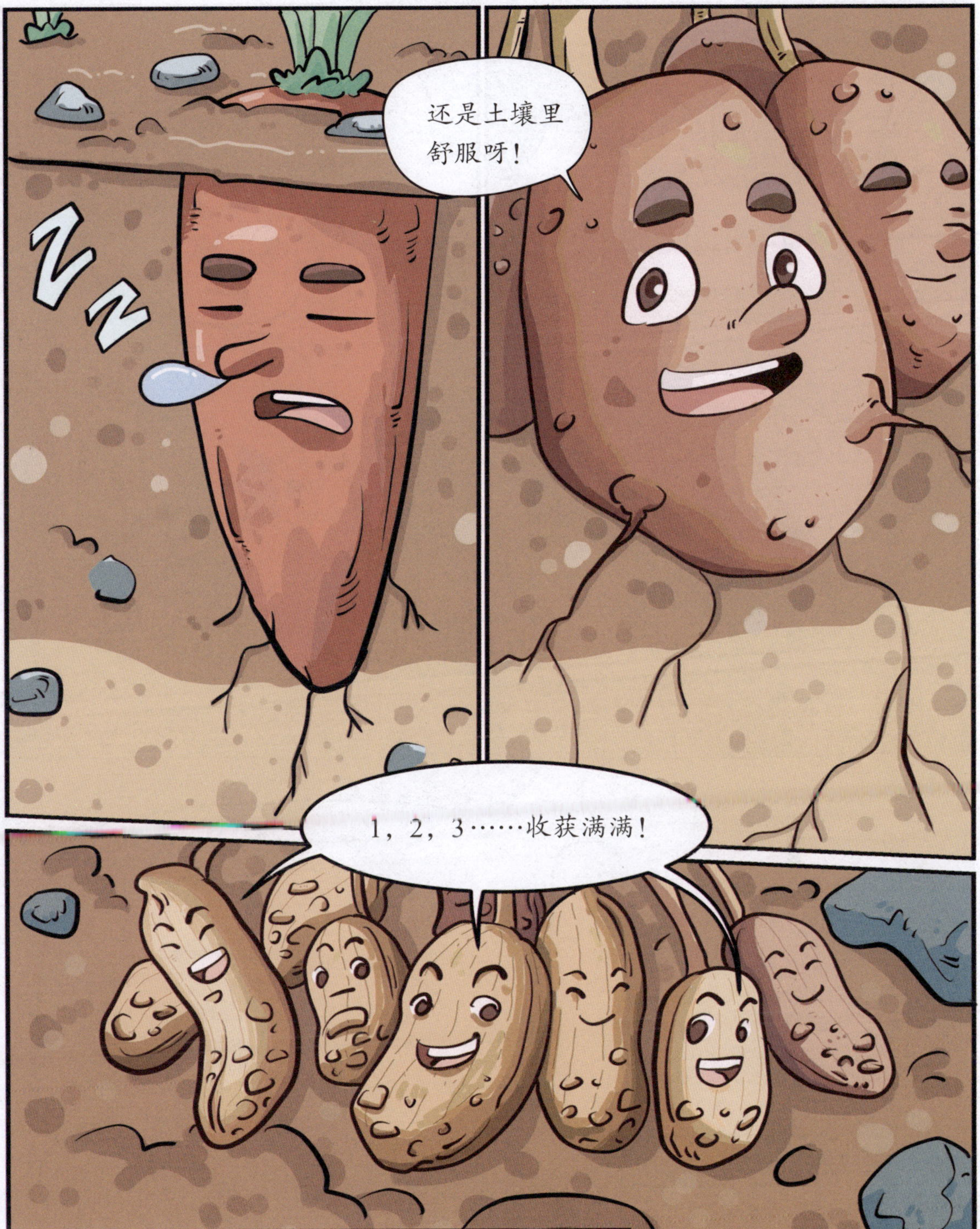

小科普： 除了发达的根系外，许多植物还在地下“藏着”丰富的宝藏：花生的果实生长在地下，萝卜、土豆、红薯等植物的可食用块茎部分也生长在土壤之中。

地下动物

小科普：许多动物会在地下建造巢穴，如鼹鼠、兔子等。通常，兔子会在地下挖掘多处洞穴当作避难所，保护自己。

它一定藏在地下！
啊……好吓人呀！
小科普：蚯蚓常在土壤里活动，它不喜光，以腐殖质为食。此外，地下还有些昆虫的幼虫所组成的害虫类群，比如金龟子的幼虫蛴螬（qí cáo）。

糟糕！啊……
小科普：蚁狮是蚁蛉科昆虫的幼虫，俗称“地牯牛”，它们会在野外的沙土中挖出一个漏斗形的小沙坑，如同人类挖陷阱一样，来捕食猎物。许多昆虫的幼虫阶段都会生活在地下，比如蝉。

安全第一
只要提高水位，就能保护地下的巢穴了！
我擅长挖洞，是沙漠猎手！
小科普：动物能适应各种地下环境，比如：河狸会在河水下筑巢，还会用树枝修筑堤坝来提升水位，以保护巢穴；沙丘猫生活在沙漠中，虽然它并不擅长攀爬跳跃，但挖洞的本领十分高超；南非的金矿下 3.6 千米处生活着一种“魔鬼蠕虫”，这是有史以来发现的生活在地球最深处的动物。
我是孤独的“金矿守护者”！

“地下”微生物

小科普： 微生物是一类生物的统称，包括细菌、真菌、病毒、放线菌、支原体等。微生物广泛分布在生物界，地表、地下、水里、食物里等，甚至在我们的体表和体内，都有着数量庞大的微生物群。肠道菌群对人体健康有着重要作用。

我发现了一个新的世界！
小科普：17世纪，荷兰人列文虎克发明了显微镜，并利用它观察雨水、牙垢、植物浸液等样本，发现其中有许多形态奇特的、蠕动的微小生物。列文虎克成为微生物世界的第一个发现者。

蘑菇汤美味可口！
灵芝、香菇是肉眼可见的食用真菌！
小科普：大多数的微生物需要在显微镜下才能看到，也有一些微生物仅凭我们的肉眼便可识别，如属于食用真菌的蘑菇、灵芝、香菇等。

微生物能够分解土壤中的有机废物，形成腐殖质，提升土壤的肥沃度。
腐殖质
在黑暗、无氧、高温、高压的环境下，顽强的微生物依然能够生存。
如果从我们的脚下出发，跑到地下5000米的深处，一路上都会遇到微生物。
5000米
小科普：虽然我们生活的环境里分布着大量的微生物，但更多的微生物分布在地下世界里，加起来有数百亿吨。土壤中的微生物能够分解有机质、矿物质等，是土壤生态系统的重要组成部分。

岩石

小科普：岩石是矿物的集合体，是组成地壳的物质之一。岩石的种类繁多，不同的岩石在硬度、颗粒、纹理、颜色等方面有极大的差异。

小科普：我们可以根据不同的成因，将岩石分为岩浆岩、沉积岩和变质岩三大类。随着构成矿物、时间和环境的变化，岩石之间也会相互转化。我们生活中常见的岩石种类有鹅卵石、花岗岩、页岩、大理石等。

在我们的日常生活中，岩石的应用非常广泛，比如石头房子、石板、雕塑、石桌、石狮等。

小科普： 在早期，科学家只能根据地层下岩石沉积的顺序确定岩石形成的相对先后关系，但是无法知道它们的具体年龄。后来，科学家利用放射性同位素的衰变规律来检测岩石的年龄。

地下水

小科普：骆驼刺生长在荒漠地区，是戈壁滩和沙漠中的骆驼唯一能吃的草料，因此而得名。为了适应干旱的环境，骆驼刺尽量使地面部分长得矮小，同时将庞大的根系深深扎入地下，它的根系能够深入地下 7 ~ 8 米，去吸取深处的水分和营养。

小科普： 坎儿井是新疆天山荒漠地区的一种特殊灌溉系统，主要用来引出地下水，以满足农田灌溉和居民用水需求，普遍存在于新疆吐鲁番地区。坎儿井与万里长城、京杭大运河并称为“中国古代三大工程”。

小科普：溶洞是石灰岩地区的地下水长期溶蚀而形成的地下空间，是一种喀斯特地貌。洞顶的钟乳石与地面的石笋连接，形成了奇特的石柱。在溶洞里，往往可以看见地下暗河。
好美呀！
是地下暗河！

什么声音？
去看看吧。
咕噜咕噜——
哇，是泉水哦！
好冰凉呀！
小科普：泉水是地下水在压力的作用下流出地面的水流。根据水流的温度，泉可以分为温泉和冷泉。

地下管线

哗——
嗒——
全靠我，全能的地下管线！
电是从哪里来的呢？
小科普：在我们的日常生活中，必须使用的水、燃气、电等资源，都需要进行统一的配置和运输，运输这些资源的管道、线路往往铺设在地下，因此被称为“城市地下管线”。

啪
哎呀，糟糕！
管道被挖坏了，被迫放假！

小科普： 城市的地下管线承担着城市范围内的自来水、燃气、热力、电力、信号等的供应，是保障城市运行的重要基础设施和“生命线”。

水流可真急呀！
将泄洪交给我！
小科普：城市排水系统包括污水排放系统、雨水排放系统和雨污合流排放系统。如果地下排水管道的建设不合理，在雨水较多的城市，很容易引发积水。

地下建筑

小科普：第一个想到将铁路移到地下的是英国伦敦的律师查尔斯·皮尔森。1863 年 1 月 10 日，伦敦开通首条地铁线路，全世界都为之瞩目。

地铁站
乘坐地铁啦！
排队刷卡！
嘀
小科普：1969 年，北京建成了地铁 1 号线，这是中国最早的地铁线路。50 多年来，中国城市的轨道交通从无到有、由小变大，地铁已经成为城市内部最快捷高效的交通工具。
哇，地铁可真快呀！

回家啦！
快藏好！
终于摆脱拥挤的人潮了！
静谧的地下空间，太适合读书了！
小科普：在地下空间里，有着众多宽广的建筑设施，如车库、防空洞、地下通道、图书馆等。

小科普： 地下建筑虽然具有良好的防护性能、密闭性，能节约空间，但是，在修建过程中遇到的挑战和付出的成本也更大。除地下城外，海上漂浮城、空中城、太空城等，或许在未来也有实现的可能。

垃圾处理

小科普：通常，人们将垃圾分为可回收垃圾、厨余垃圾、有害垃圾和其他垃圾等。垃圾分类是为了将废弃物进行分流处理，利于提升资源的利用率，降低处理成本。

垃圾都去哪里了？
还能扫码开盖，好智能。
垃圾丢进去后就不见了，秘密就在地底！
小科普：地埋式垃圾桶是将垃圾的主体容纳装置放入地下，地面只露出小部分的垃圾投放器，在增大垃圾桶容量的同时，还能够减少垃圾桶的占地面积。

你在做什么？
进行垃圾填埋呀！
不行，这样填埋垃圾会污染土壤和水源哦。
填埋场的底部需要铺设防渗透的隔离层。
小科普：垃圾填埋分为简单填埋和卫生填埋两种技术：简单填埋容易污染土壤和水源；卫生填埋会在填埋场的底部铺设防渗透隔离层，这是现阶段中国垃圾填埋采用的主要方式。

地下的宝藏

小科普： 植物在地下与空气隔绝，同时受到高温和高压的作用，经过亿万年后，就变成了煤等矿物资源。经过多次地壳变动后，有的矿物被埋到了很深的地底，有的矿物露出了地表。

小科普：宝石是雕琢和抛光后可作珠宝的矿石，有钻石、水晶、玉、玛瑙等，美丽而贵重。

小科普：“愚人金”又叫黄铁矿，主要成分是二硫化亚铁。虽然“愚人金”和黄金没有一点关系，但是人们经常被它金黄的颜色和闪亮的光泽所吸引。金矿、铜矿、铁矿等矿产资源，都是从地下开采出来的。

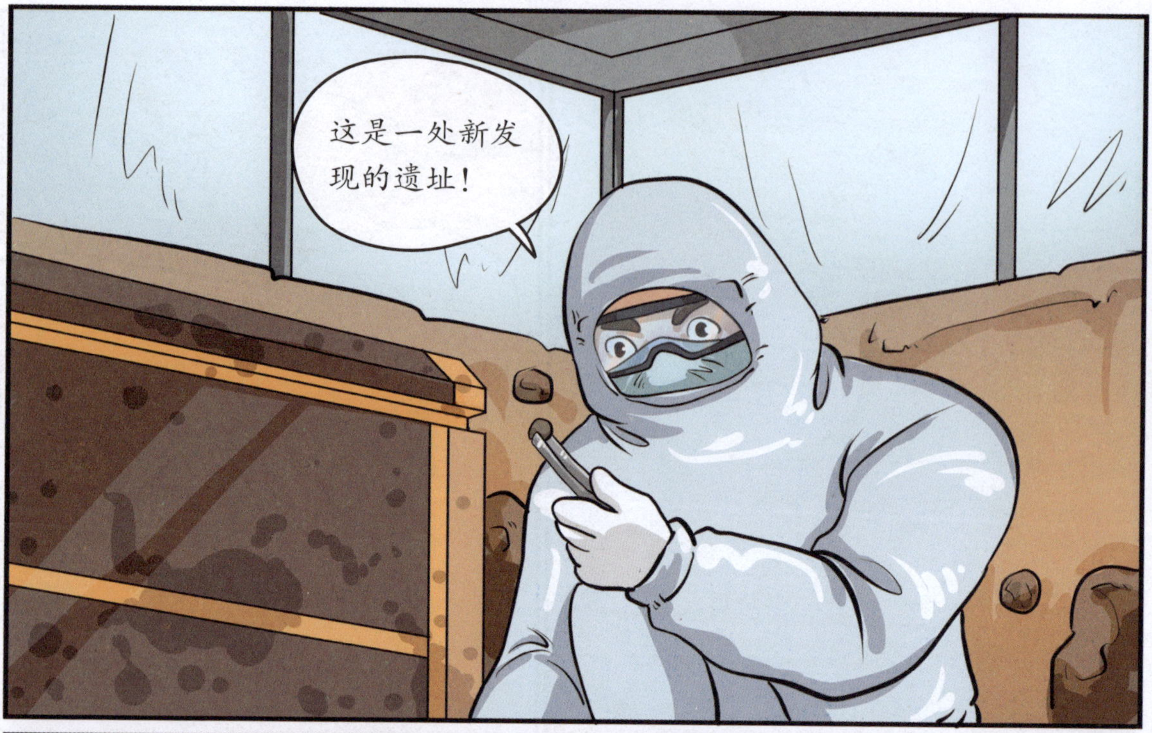
这是一处新发现的遗址！

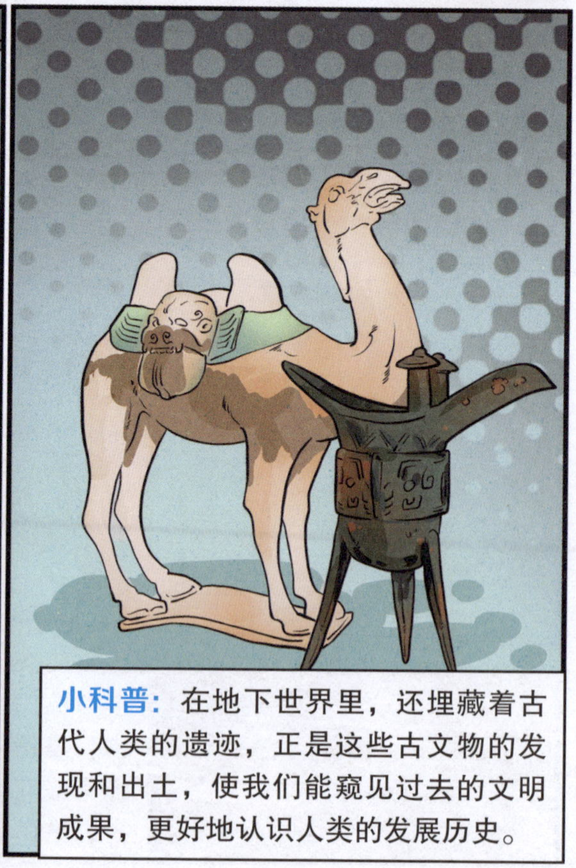
小科普：在地下世界里，还埋藏着古代人类的遗迹，正是这些古文物的发现和出土，使我们能窥见过去的文明成果，更好地认识人类的发展历史。

化石

哇，这是恐龙的骨架！
石头里竟然长着叶子？
化石是古人制作的模型吗？
不是的哦！
小科普：化石是存留在岩石中的古生物遗体、遗物或遗迹，最常见的是骨化石与贝壳等。

小科普：通常，成为化石的生物都有壳、骨、牙等坚硬的部分，它们必须迅速被某种能够阻碍分解的物质埋藏起来，在漫长的石化过程中，很幸运地不被腐化和损坏。

地球的圈层结构

小科普： 地球的圈层结构分为外部圈层和内部圈层。一般将地球内部分为三个同心球层，由内到外依次为地核、地幔和地壳。

小科普：地壳是地球的表面层，地壳下面是地幔，主要由致密的造岩物质构成。地幔分为上地幔和下地幔两层，在上地幔的顶部存在着一个软流层，一般认为它是岩浆的发源地。

地核内的铁镍物质能产生磁场，因此，地球具有引力。
我们可以钻入地核里吗？
在地球 3000 ~ 10000 米深处的温度已达 200℃，目前人类探地研究中达到的最深深度是 14000 米。
小科普：人类对深层地下世界的了解很少，科学家只能根据地震波在不同界面传播的区别来构建地球的内部结构。

COMIC SCIENCE

漫画科学大揭秘

闯荡数据国

郭珣◎编著

中国旅游出版社

选题策划：超美文化
责任编辑：胡一鸣
责任印制：冯冬青
插图制作：澜星纪元
装帧设计：超美文化

图书在版编目（CIP）数据

闯荡数据国 / 郭珣编著. — 北京 : 中国旅游出版社, 2025. 1. —（漫画科学大揭秘）. — ISBN 978-7-5032-7451-0

Ⅰ. N49

中国国家版本馆 CIP 数据核字第 20248BS586 号

书　　名：漫画科学大揭秘 · 闯荡数据国

作　　者：郭珣　编著
出版发行：中国旅游出版社
（北京静安东里 6 号　邮编：100028）
http://www.cttp.net.cn　E-mail: cttp@mct.gov.cn
营销中心电话：010-57377103　010-57377106
读者服务部电话：010-57377107
排　　版：澜星纪元
经　　销：全国各地新华书店
印　　刷：三河市腾飞印务有限公司
版　　次：2025 年 1 月第 1 版　2025 年 1 月第 1 次印刷
开　　本：710 毫米×1000 毫米　1/16
印　　张：18
字　　数：23 千
定　　价：120.00 元（全 6 册）
ISBN 978-7-5032-7451-0

前言

皮影戏表演是怎么回事？手机为什么能进行无线通信？宇航员是如何登月的？我们从哪里来……同学们，你们对这些科学知识是不是感到非常好奇？

要想知道梨子的味道，那就亲自尝一尝。赶快翻开这套《漫画科学大揭秘》吧，相信你会在书中获得想要的答案。

为了让略显枯燥的科学知识变得通俗易懂、活泼有趣，我们用漫画的形式来讲解科学知识。图画生动形象、色彩鲜艳，通过设在生活场景里的漫画故事，你能在潜移默化中学会科学知识点，就像有个人在你耳边娓娓道来。

此外，我们还在漫画中根据需要设置了“小科普”，对相关的知识进行拓展，能丰富你的知识面，使你能更全面深刻地理解科学知识，及时进行巩固强化。

我们相信，通过阅读《漫画科学大揭秘》，同学们一定能够掌握科学世界的奥秘，领悟到科学知识的神奇力量，增强探究意识，勇攀科学高峰，成为掌握知识、拥有智慧的人！

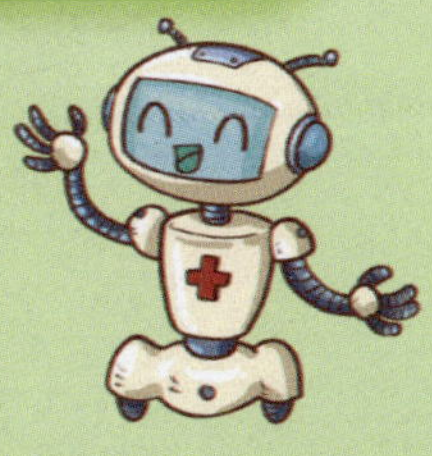

目录

二进制

小科普： 数据是对客观事件进行记录并可以鉴别的符号。在计算机系统中，数据以二进制信息单元 0、1 的形式表示。德国数学家莱布尼茨是世界上第一个提出了二进制计数法的人。

你是在小看我们吗？
在这里，0和1就能表示一切！
整个王国不会只有你们俩吧？
这是什么？
这问题……
这就是“2”呀！触及你们的“知识盲区”了吧？
只是没想到，竟然会有人提这么简单的问题。

小科普：生活中，我们一般使用“十进制法”来计数，而计算机世界的二进制法，只用 0 和 1 两个符号，无需其他符号。将二进制转换为十进制需要使用“按权展开求和”的方法。

小科普：与十进制数相比，二进制数的运算规则要简单得多，能使运算器的结构简化，提高运算速度。二进制中只使用0和1两个数字，在传输和处理时不易出错。二进制数0和1正好与逻辑量“真”和“假”相对应，有利于表示二值逻辑（就是相对于多值逻辑而言，讨论只具有真、假值的命题的逻辑）。

数码技术

警报
警报
发生什么事了？
别紧张！
来活儿了！
复制一段数据到U盘，1秒钟搞定！
数据里有什么内容？
不知道，你得去外面看。
小科普： U盘是一种微型的高容量移动存储产品，它用于数据资料存储，可通过USB接口与电脑进行连接，实现即插即用的功能。

数据的内容是怎么复制的呢？
这里只会出现0和1，但我们有翻译语言。
拜拜！
翻译语言？
啊……

这就是U盘？
对呀，我复制了一段视频。
没错，这就是将信息转化成数据的数码技术。
视频？不是数据吗？
小科普：数码技术是指借助一定的设备将各种信息，如图、文、声、像等，转化为电子计算机能够识别的二进制数字0和1后，再进行运算、加工、存储、传送、传播、还原的技术。
视频是我用数码摄像机拍摄的，它是我的新装备！
小科普：数码摄像机的感光元件能把光线转变成电荷，再通过模数转换器芯片转换成数字信号，就能实现“光—电—数字”信号的转变与传输了。

变成数据后，信息就可以轻松地复制和传输了。
0100110101
0100110...
数字化产品好神奇呀！
怎么让计算机里的“人”知道我让他做什么呢？
呵呵，计算机里可住不了人！
我是说，怎么给计算机下达指令呢？
那就需要一个“翻译官”了。

编程语言

只能用 0 和 1 作为计算机的语言吗？
不是，编程语言很繁杂的。
NO NO
下面，我先给你介绍几个高级的“翻译官”。
小科普：编程语言是用来定义计算机程序的形式语言，可用来向计算机发出指令。编程语言可分为机器语言、汇编语言和高级语言。机器语言直接用二进制代码表示；汇编语言，即第二代计算机语言，用一些容易理解和记忆的缩写单词来代替一些特定的指令；高级语言是面向过程或对象的语言，包括 C 语言、Java 语言和 Python 语言等。

小科普： 1972 年，C 语言诞生于贝尔实验室，它是一种较早的程序设计语言。相比机器语言和汇编语言，用 C 语言编写的程序容量较小，程序执行速度更快。

Java
……
我是 Java 语言，可以在多个平台担任翻译！
多平台
Java
不错，就是启动的时间太长了！
小科普：Java 语言的跨平台性能非常好，同一段程序可以在不同的操作系统上编译运行，但它需要先启动虚拟机，再执行程序，所以启动时间比其他编程语言慢。

作为一名新人翻译，我拥有超高的人气！
Python 能抛开复杂的语法，直接解决问题。
问
题
小科普：Python 语言诞生于20世纪90年代初，它具有简洁性、易读性等特点，已被广泛应用于系统管理任务的处理和 Web 编程。
点头

机器人

小科普：工业机器人是面向工业领域的多关节机械手或多自由度的机器装置，它能自动执行任务，是靠自身动力和控制能力来实现各种功能的一种机器。

成功了！
第一台工业机器人虽然是个重达 2 吨的庞然大物，但它有着超高的精确度。
1t
1t
它的名字叫尤尼梅特，是一种机器人手臂。
小科普：1959 年，美国人恩格尔伯格研制出了世界上第一台工业机器人尤尼梅特，他被称为“机器人之父”。恩格尔伯格让机器人成了一个全球性的产业。

脏的、累的、无聊的、危险的工作，全都交给我！
小科普：工业机器人可分为搬运机器人、焊接机器人、喷涂机器人、加工机器人、装配机器人、洁净机器人和其他工业机器人。人类无法做的工作，都可以交给它们。
我不怕高温！
人类需要呼吸，机器人可不需要！

我认为，机器人应该遵循三大定律！
第一定律：机器人不得伤害人类，或坐视人类受到伤害。
第二定律：除非违背第一定律，机器人必须服从人类的命令。
第三定律：在不违背第一定律及第二定律下，机器人必须保护自己。
小科普：美国著名的科幻小说家阿西莫夫在作品《我，机器人》中提出了“机器人学三定律”，该理论被称为“现代机器人学的基石”。在机器人的发展过程中，这三大定律不断地得到补充完善。

智能家电

消防
面部识别正确，请进！
开门
亮
小智，打开灯，播放音乐。
好的！已经为您打开了灯，即将播放音乐。
小科普：智能音箱是一种高级音箱，人们可以用语言操控它完成各种任务，如点播歌曲、上网购物等，也可以通过它对智能家居设备进行控制，如打开窗帘、设置冰箱温度等。

小科普： 扫地机器人是应用广泛的智能家电，它能够自动地在房间内完成地板的清理工作，还可以设定时间预约打扫及以自行充电，它的内部设有感应器，可侦测障碍物。

小科普：学习机器人可以是孩子的老师、同学，甚至还能承担父母的一部分任务。

您的血压正常！
请注意前方的障碍物！
哈哈，真有趣！
小科普：陪护机器人应用于养老院等场所，具有生理信号检测、语音交互、远程医疗、智能聊天、自主避障等功能。

人工智能（AI）

唉，作文好难！
呵呵，我有秘密武器哦！
手机只能查询资料吧。
小科普：人工智能（AI）是研究、开发用于模拟、延伸和扩展人的智能的新技术科学。
AI
我指的是人工智能（AI）哦。

小科普：人工智能产品，如 ChatGPT，可以成为学习和探索的强大工具，它会写作、绘画、聊天、修图等，在众多方面为人们带来便利和效益。

AI真的是什么都会吗？
当然！它上知天文，下晓地理！
AI可以画图吗？
当然！
AI
生成中
啪！
搞定！

小科普：AI 技术虽然发展迅速，但它还是无法代替人类的思考过程，例如，AI 的翻译、写作成果会显得比较僵硬。我们不能为图省事，把一切都交给 AI 做，那样人只会越来越笨。

人机大战

国际象棋大师
深蓝
焦灼
小科普：1997 年，美国 IBM 公司的“深蓝”超级计算机凭借超强的计算能力，以 2 胜 1 负 3 平的成绩战胜了当时世界排名第一的国际象棋大师卡斯帕罗夫。
唉，我输了，甘拜下风！
WIN!

小科普： 2006年，在“浪潮杯”中国首届象棋人机大战中，计算机浪潮天梭以一敌五，打败了5位中国象棋特级大师。

围棋人机大战正式开始！
我抱有必胜的决心！
真激烈呀，这是一场“心跳之局”！
小科普：阿尔法围棋是一款围棋人工智能程序，其主要的工作原理是“深度学习”。2017 年 5 月，在中国乌镇的围棋峰会上，它与世界围棋冠军柯洁对战，以 3 ：0 的成绩获胜。
0:3
败
唉，它根本不会犯错！

小科普： 深度学习是一套复杂的机器学习算法，它使机器人能够像人一样具有分析学习能力。

虚拟现实技术（VR）

小科普： 虚拟现实技术（VR）是利用计算机仿真系统模拟外界环境，为用户提供多信息、三维动态、交互式的仿真体验。VR技术通过完全阻断人眼与现实世界的连接，并利用双目视差来构造出完全虚拟的世界。

一切都交给 VR 了。
内容定制已经完成，可以开始了。
小科普：VR 内容定制是指根据客户的需求和要求，利用虚拟现实技术为其量身打造的符合其需求的内容。VR 设备包含计算设备、显示设备、追踪设备和交互设备。

激
动
奶奶，您见到爷爷了吗？
小科普：虚拟现实具有沉浸感、交互性、想象性的特点。沉浸感是指系统模拟的外界环境十分逼真，用户完全投入到虚拟环境中；交互性是指用户可对虚拟世界的物体进行操作并得到反馈，例如，可用手“抓”某物体，物体也能随手的操控而移动；想象性是指可想象客观世界中不存在或不可发生的情景。
真的是你吗？

天啊，果真是你！
嗯，真是不可思议！
我们终于见面了，你还好吗？
福

云存储

云上的空间有多大？
会员有5T。
小科普：云存储是一种网上在线存储的模式，也就是把数据存放在通常由第三方托管的多台虚拟服务器上，而非专属的服务器上。
你在说什么？
云存储啊！

视频和图片占据太多空间了，可以储存到云盘呢。
上传
再将手机里的本地文件删除哦。

这些都是很珍贵的照片，可不能删除了！
没事，还可以再从云盘里再下载呢。
小科普：将数据存储在云盘后，使用者可以在任何时间、任何地点，通过任何可联网的装置连接到云盘，读取、下载数据。
看，照片在这儿！
哦，原来是这样。

把信息保存在虚拟的“云盘”上，安全吗？
安
云盘
全
?
云盘虽然是虚拟空间，但它仍然需要硬性设备的支持。只要设备不出问题，就没事！
上
传
上传中
为了安全起见，我还是在计算机上备份一下吧！
小科普：云储存可以减少本地存储的负担，它的数据安全依靠第三方的管理，在使用云盘时，我们一定要注重数据的备份和隐私保护。

物联网

小科普： 物联网是指通过信息传感设备，按照约定的协议，将任何物体与网络相连接，物体通过信息传播媒介进行信息交换和通信，以实现智能化的识别、定位、跟踪、监管等功能。

砰！
嘀
感应到屋内无人，但空调仍在运行，已经自动为您关闭空调了。
感应到您的酒精含量超标，请离开驾驶座，杜绝酒后驾车！
感应到行李箱内有危险物品，请检查！
文件夹

物联网也太方便了吧！
目前，物联网并没有普及，只有部分场景可以实现呢。
例如智能家居。
小智，快打开电视！
好嘞！
小科普：物联网把所有物品通过信息传感设备与互联网连接起来，实现了智能化识别和操控。除了智能家居，还有很多领域也运用了物联网技术，比如智能交通、智能安防等。

公交站
公交车在3分钟后到站
啊，只有3分钟了！
没人看守，可以趁机溜进去！
机场飞行区
天啊，好强的安防！
启动照明及广播系统。

大数据

小科普： 大数据指规模大到在获取、存储、管理、分析等方面大大超出了传统数据库软件工具能力范围的数据集合，它具有海量的数据规模、快速的数据流转、多样的数据类型以及较高的应用价值。

小科普： 对于拥有海量高价值数据的警务领域，大数据的意义非同小可。2017年以来，全国各地的公安机关积极探索警务大数据建设，在追踪罪犯、预防诈骗等方面取得显著成效。

病人共同特征
患有这种病的人有什么共同特征呢？
利用大数据信息，就能找到长寿老人的分布情况。
最佳路线
利用大数据信息，能获得公交车的最佳路线方案。
小科普：大数据的应用能够为医疗、政务、交通等多方面的规划提供助益。

小科普： 一些视频网站、购物平台会应用大数据技术，通过分析消费者的浏览数据来了解他们的需求，再进行精准的内容推送。不过，大数据带给我们便利的同时，也会带来个人隐私泄露等问题。我国制定了一系列政策法规，促进大数据的健康发展。